La gelée magique

한 번에 두 겹의 '층'이 생기는 신기한

마법의 젤리

오기타 히사코 지음
황세정 옮김

차례
Sommaire

4 두 겹의 층으로 나뉘는 신기한 젤리

6 기본 레시피
  사과 주스 *Jus de pomme*

10 어떤 틀을 써야 하나요?

12 어떤 도구를 써야 하나요?
  어떤 재료를 써야 하나요?

13 자주 하는 질문

마법의 젤리

14 로즈힙
  Cynorrhodon

16 칼피스
  Calpise

17 파인애플과 코코넛밀크
  Ananas-Lait de cocoe

18 포도 주스
  Jus de raisin

19 크랜베리 주스
  Jus de cannebergee

19 벌꿀 레몬
  Miel-Citron

22 딸기 시럽
  Sirop de fraisee

23 포도 시럽
  Sirop de raisin

25 초콜릿과 크랜베리
  Chocolat-Cannebergee

25 화이트초콜릿과 오렌지
  Chocolat blanc-Orange

마법의 젤리 *plus*

28 생 오렌지
  Orange frais

29 치즈 케이크 풍의 오렌지
  Gâteau au fromage à l'orange

31 레모네이드
  Limonadee

31 홍자몽
  Pamplemousse

34 화이트 상그리아
  Sangria blanche

35 레드 상그리아
  Sangria rouge

36 믹스 베리
  Fruits rouges

37 우메보시
  Prunes marinées

39 파인애플과 타피오카
  Ananas-Tapioca

39 백도
  Pêche blanche

42 장미
  Rose

44 사과 장미
  Rose de pomme

46 벚꽃
  Cerisier

48 식용꽃
  Fleurs comestibles

마법의 거품 젤리

60 맥주
Bières

61 샴페인
Champagne

64 모히토
Mojitos

65 코디얼
Cordial

67 멜론소다
Eau pétillante au melon

67 밀크셰이크
Lait frappé

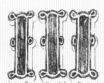

전채 요리로 내기 좋은
마법의 젤리

50 네모나게 썬 채소
Coupe légumes cubes

52 연어와 딜
Saumon fumé-Aneth

53 찐 닭가슴살과 얇게 썬 채소
Poulet cuit à la vapeur
-Tranches de légumes

55 빼곡히 깐 햄과 브로콜리
Jambon-Brocoli

55 방울토마토와 모차렐라 치즈
Tomates cerises-Mozzarella

58 마시멜로로 순식간에 만들 수 있는 마법의 젤리

마법의 담설 젤리

70 여름밀감(甘夏蜜柑)
Amanatsu

71 유자
Yuzu

74 키위
Kiwi

75 딸기
Fraise

77 사과
Pomme

77 블루베리
Myrtille

* 일러두기
• 재료의 양은 완성 사진에 사용된 유리잔, 틀, 트레이에 맞추어 계량했습니다. 젤리는 다른 유리잔이나 틀로도 만들 수 있습니다.
  액체의 총량과 젤라틴 가루의 비율만 그대로 유지한다면 재료의 양을 늘리거나 줄여도 상관없습니다.
• 재료의 분량은 손질이 끝난 재료의 양을 가리킵니다. 과일이나 채소는 껍질이나 꼭지 등 불필요한 부분을 모두 제거한 후에 계량하시기 바랍니다.
• 전자레인지는 600W를 사용했습니다. 와트수에 따라 가열시간을 조절해주세요.
• 1큰술=15ml, 1작은술=5ml입니다.

두 겹의 층으로 나뉘는 신기한 젤리

Introduction

차갑게 굳히는 동안
자연스럽게 두 겹의 층으로 나뉘는 마법의 젤리.
들어가는 주요 재료도 주스, 생크림, 젤라틴 가루 정도가 전부랍니다.
그런데 이것들을 가볍게 섞어 유리잔이나 틀에 부은 다음
냉장실에 넣어 차갑게 굳히기만 하면
식감과 색이 전혀 다른 두 겹의 층을 지닌 젤리가 완성되니
솔직히 좀 감동적이에요.

이러한 마법은 액체의 비중 차이와
생크림 유분의 작용을 이용한 것이랍니다.
그렇다고는 해도 이렇게나 깔끔하게 두 겹의 층으로 나뉠 수 있다니
정말 놀라워요.

보통 여러 겹의 층을 이루는 젤리를 만들 때는
층마다 각기 다른 젤리액을 만들고
하나의 젤리액을 차갑게 굳힌 다음
그 위에 다시 다른 젤리액을 붓는 식으로 만들기 때문에
손이 많이 가지만,
이 방법을 사용하면 두 겹의 층을 이루는 젤리를 한 번에 만들 수 있습니다.
마치 '마법'처럼 말이지요!

게다가 심지어 맛도 좋다는 사실!
투명한 부분은 대부분 주스로, 탱글탱글한 식감을 자랑하고
흰 부분은 대부분 생크림으로, 부드러운 맛을 느낄 수 있습니다.
이처럼 전혀 다른 두 겹의 층이 입 안에서 어우러지면
마치 잘 만든 무스 케이크처럼
고급스러운 맛을 냅니다.

또한 이 책에서는 소금으로 맛을 낸 짭잘한 젤리도 소개하고 있습니다.
이 책에 나온 레시피를 이용하면
마치 프랑스 레스토랑의 전채 요리로 나올 법한 줄레(Gelée)를
손쉽게 만들 수 있어요.
두 겹의 층을 이루는 줄레의 우아한 모습은
홈 파티의 전채 요리로도 손색이 없지요.

기본 레시피

사과 주스
Jus de pomme
→ 8쪽

기본 레시피
La recette de base

사과 주스
Jus de pomme

재료(용량 150ml짜리 푸딩틀 2개 분량)

젤라틴 가루 5g
사과 주스 200ml
그래뉼러당 20g
레몬즙 1작은술
생크림 50ml

*사과 주스
과즙 100%인 제품을 사용합니다. 맛이나 향이 강하지 않아 다양한 재료와 함께 쓰기 좋습니다.

1.
젤라틴 불리기

물 2큰술에 젤라틴 가루를 조금씩 부어 골고루 섞은 후, 10분 동안 불립니다.

• 젤라틴 가루에 물을 부으면 가루가 뭉쳐서 고르게 불지 않습니다. 반드시 물을 먼저 담은 후에 젤라틴 가루를 조금씩 붓도록 합니다.

2.
설탕 녹이기

냄비에 사과 주스와 그래뉼러당을 담은 후 중불에 올립니다. 실리콘 주걱으로 천천히 저어가며 그래뉼러당을 녹입니다.

• 그래뉼러당 입자가 완전히 녹을 때까지 골고루 저어가며 녹입니다.

3.
젤라틴 섞기

냄비 가장자리가 보글보글 끓기 시작하면 불을 끈 다음, 1의 불린 젤라틴을 붓고 1분 정도 저어 완전히 녹입니다. 그런 다음 레몬즙을 넣고 휘휘 젓습니다.

• 젤라틴은 팔팔 끓이면 끈기가 사라져 굳지 않으므로 반드시 불을 끈 상태에서 넣어주세요.
• 레몬즙을 넣은 후 가볍게 저어주세요.

Note
• 상큼한 사과와 진한 생크림이 잘 어우러진 젤리. 두 가지 맛과 식감을 동시에 즐길 수 있습니다.
• 투명한 느낌을 잘 살릴 수 있는 유리잔에 만들어도 예쁩니다.

기본 재료는 젤라틴 가루, 주스, 생크림입니다. 굳히는 동안 비중이 다른 주스와 생크림이 서서히 분리되어
마법의 젤리가 완성되지요. **I ~ III**장 모두 이러한 방법을 사용합니다.

4.
생크림을 넣어 차갑게 굳히기

틀 안쪽 면을 물에 살짝 적셔둡니다. **3**의 냄비에 생크림을 붓고 크게 두세 번 젓습니다. 다 저으면 곧바로 국자로 떠서 틀에 고르게 나누어 담고 실온에서 식힙니다. 다 식으면 랩을 씌워 냉장실에 넣고, 두 시간 이상 차갑게 굳힙니다.

• 틀을 이용해 젤리를 만들 때는 틀을 미리 물에 적셔두어야 나중에 젤리를 쉽게 꺼낼 수 있습니다. 젤리액에 생크림을 첨가한 후 곧바로 틀에 붓지 않으면 젤리액이 분리되어 버리므로 틀을 미리 물에 적셔두어야 합니다.
• 생크림은 둥글게 원을 그리듯이 크게 두세 번 저어 섞어주세요. 너무 오래 저으면 층이 두 겹으로 잘 나뉘지 않으니 주의하시기 바랍니다.
• 젤리액을 국자로 뜰 때는 주스와 생크림 부분이 골고루 떠지도록 국자를 바닥에 닿게 깊이 넣었다가 그대로 위로 들어 올립니다. 국자로 뜬 젤리액은 틀에 조심스럽게 붓습니다.
• 틀에 부은 젤리액은 처음에는 완전히 섞여 있지만, 차갑게 굳히는 동안 서서히 두 겹의 층으로 나뉩니다. 틀에 붓자마자 바로 냉장실에 넣으면 두 층으로 나뉘지 않은 상태에서 굳어버리므로 반드시 실온에서 식힌 후에 냉장실에 넣도록 합니다.
• 큰 틀을 사용하면 젤리가 굳을 때까지 그만큼 시간이 걸립니다. 젤리가 다 굳었는지를 살핀 후에 틀에서 꺼내주세요.

5.
젤리를 틀에서 꺼내기

젤리가 다 굳으면 손끝으로 젤리의 가장자리를 가볍게 눌러 빈틈을 만든 후, 틀을 뜨거운 물에 2~3초 정도 담급니다. 그리고 다시 젤리를 손끝으로 살짝 눌러 틀과 젤리 사이에 공기가 들어가게 한 다음, 틀 위에 접시를 얹고 그대로 뒤집습니다. 그 상태에서 틀을 살살 흔들어 젤리를 꺼냅니다.

• 틀과 젤리 사이에 작은 틈을 만들어두면 젤리를 쉽게 꺼낼 수 있습니다.
• 뜨거운 물의 온도는 약 50℃가 적당합니다. 틀을 뜨거운 물에 담그면 틀에 밀착해 있는 젤리 부분이 살짝 녹습니다. 단, 물의 온도가 50℃보다 높거나 틀을 너무 오래 담그면 젤리가 너무 많이 녹아버리므로 2~3초 정도만 담가주세요.
• 젤리가 쉽게 빠지지 않을 때는 틀을 다시 한 번 뜨거운 물에 2~3초 동안 담그거나 틀과 젤리 사이에 칼을 밀어넣어 보세요.

어떤 틀을 써야 하나요?

Moule

이 책에서는 젤리를 만들 때 일체형 원형틀, 엔젤틀, 파운드틀, 푸딩틀, 젤리틀 같은 제과용 틀 외에도 스테인리스 트레이와 유리잔 등을 사용합니다. 이 책에 소개된 레시피는 대부분 이러한 틀이나 유리잔을 이용해 만들 수 있습니다.

그중에서도 가장 간편한 것은 유리잔입니다. 젤리를 꺼낼 필요 없이 그대로 먹을 수 있기 때문이지요.

유리잔 대신 틀을 사용하면 좀 더 근사한 모양의 젤리를 만들 수 있습니다. 틀을 사용할 때는 젤리액을 붓기 전에 미리 틀을 물에 살짝 적셔두어야 나중에 젤리를 쉽게 꺼낼 수 있습니다.

유리잔

○ 가장 간편하게 만들 수 있는 방법입니다. 젤리를 꺼내지 않고 그대로 먹을 수 있습니다.

✕ 젤리를 대량으로 만들 경우, 그만큼 유리잔이 많이 필요합니다.

• 이 책에서 사용한 유리잔은 용량이 140~260㎖이지만, 이는 어디까지나 일반적인 기준일 뿐입니다. 소지하고 계신 유리잔에 맞추어 재료의 분량이나 사용할 유리잔의 개수를 조정하시기 바랍니다.

• 유리잔 2~3개 분량을 기준으로 한 레시피를 이용해 큰 원형틀이나 엔젤틀에 들어갈 젤리를 만들 때는 그만큼 분량을 늘립니다.

틀

O 다양한 모양의 젤리를 만들 수 있습니다. 많은 사람이 모이는 자리에 내놓을 젤리를 만들 때는 큰 틀을 사용하는 것이 좋습니다.

X 젤리를 틀에서 꺼낼 때 주의가 필요합니다.

- 원형틀은 반드시 바닥이 분리되지 않는 일체형 틀을 사용해야 합니다. 분리형 틀에 젤리액을 부으면 밖으로 새어나가 버립니다.
- 파운드틀 중에는 작게 구멍이 뚫려 있는 제품도 있으므로 사용하기 전에 반드시 랩을 깔아주세요(ⓐ).
- 양철로 만들어진 틀은 액체를 오래 담아두면 녹이 슬 가능성이 있어 젤리를 만들기에 적합하지 않습니다. 스테인리스나 실리콘으로 만들어진 틀을 사용해주세요.

젤리를 꺼내는 방법

1. 젤리가 굳으면 젤리의 가장자리를 손끝으로 가볍게 눌러 빈틈을 만듭니다(ⓑ).

2. 틀을 뜨거운 물에 2~3초 동안 담급니다(물의 온도는 약 50℃가 적당합니다. 너무 오래 담그면 젤리가 너무 많이 녹아버립니다)(ⓒ).

3. 젤리를 살짝 눌러 틀과 젤리 사이에 공기가 들어가게 합니다(ⓓ).

4. 틀 위에 접시를 엎고(ⓔ) 그대로 뒤집은 후, 틀을 살살 흔들어(ⓕ) 젤리를 꺼냅니다(ⓖ). 젤리가 잘 빠지지 않을 때는 다시 한 번 뜨거운 물에 2~3초 동안 담그거나 틀과 젤리 사이에 칼을 밀어넣습니다(ⓗ).

※ 실리콘 틀은 뜨거운 물에 담그지 않아도 됩니다.

스테인리스 트레이

O 간편하게 만들 수 있습니다.

X 트레이에서 젤리를 꺼낼 때 주의해야 합니다.

- 이 책에서 사용한 트레이의 크기는 19×13×높이 3.5cm입니다. 젤리를 만들 때 사용하는 트레이는 높이가 3~4cm 정도는 되어야 합니다. 플라스틱 트레이를 사용해도 되기는 하지만, 스테인리스 트레이를 사용해 더 빨리 굳습니다. 아니면 스테인리스 재질의 양갱틀을 사용해도 됩니다. 트레이의 크기에 따라 재료의 양을 조정해주세요.

젤리를 꺼내는 방법

1. 젤리가 굳으면 트레이를 뜨거운 물에 2~3초 동안 담급니다(물의 온도는 약 50℃가 적당합니다. 너무 오래 담그면 젤리가 너무 많이 녹아버립니다)(ⓐ).

2. 젤리와 트레이 사이에 칼을 밀어넣어 틈을 만든 후(ⓑ), 젤리를 가볍게 눌러 트레이와 젤리 사이에 공기가 들어가게 합니다(ⓒ).

3. 트레이 위에 접시를 엎고 그대로 뒤집은 다음(ⓓ), 트레이를 살살 흔들어(ⓔ) 젤리를 꺼냅니다(ⓕ). 젤리가 빠지지 않을 때는 트레이를 뜨거운 물에 다시 2~3초 동안 담급니다.

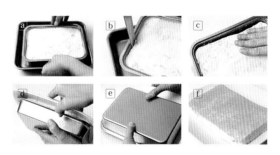

어떤 도구를 써야 하나요? *Ustensiles*

어떤 재료를 써야 하나요? *Ingrédients*

실리콘 주걱

젤리를 만들 때는 내열성이 강한 실리콘 주걱을 쓰는 것이 좋습니다. 그래뉼러당을 녹이거나 젤리액을 섞을 때 사용합니다. 실리콘 주걱이 없다면 나무 주걱을 대신 사용해도 됩니다.

거품기

스테인리스 재질의 거품기를 사용하는 것이 좋습니다. 이 책에서는 프랑스의 유명 제과도구 업체인 매트퍼(MATFER)사의 제품을 사용했습니다.

볼

지름 20cm, 깊이 10cm인 볼을 주로 사용합니다. 젤리액을 섞거나 머랭을 만들 때 사용합니다. 이밖에도 젤라틴을 불릴 때 사용할 작은 볼이 있으면 편합니다.

저울

1g 단위까지 측정 가능한 디지털 저울을 사용하는 것이 좋습니다. 특히 젤라틴 가루는 너무 많이 넣으면 젤리가 딱딱해지고, 반대로 너무 적게 넣으면 젤리가 물러지므로 반드시 정확히 계량해야 합니다.

핸드믹서

젤리에 들어가는 머랭을 만들 때 씁니다. 일반적인 핸드믹서를 사용하면 되지만, 회전력이 약한 제품은 피해주세요. 레시피에 나와 있는 믹싱 시간은 어디까지나 대략적인 기준이므로 재료의 상태를 살펴가며 믹싱해주세요.

과일 착즙기(스퀴저)

레몬이나 오렌지 같은 과일을 짜서 과즙을 낼 때 사용합니다. 과일을 반으로 자른 다음 착즙기 중앙에 볼록하게 솟아오른 부분에 과일의 단면을 대고 비틀어 짭니다.

젤라틴 가루

돼지 같은 동물에서 추출한 콜라겐으로 만든 응고제입니다. 이 책에서 사용한 젤라틴 가루는 액체 250ml에 젤라틴 가루 5g(액체 중량의 2%)을 사용하는 제품입니다. 상품마다 사용량이 다르므로 제품 포장에 표시된 내용을 잘 확인한 후, 레시피에 나온 분량을 조절하시기 바랍니다. 예를 들어 액체 중량의 2.5%를 사용해야 하는 젤라틴 가루를 쓸 경우에는 레시피에 나온 젤라틴 분량의 1.25배를 사용하시기 바랍니다.

주스 등 각종 음료

젤리에는 새콤한 맛을 내는 음료가 잘 어울립니다. 과즙 100%가 아닌 음료나 과육이 들어간 음료도 사용 가능합니다. 허브티 등을 사용하는 경우도 있습니다.

생크림

반드시 동물성 생크림을 사용해주세요. 유지방 함량은 36%든 45%든 상관없이 모두 사용 가능합니다. 단, 식물성 크림은 층이 두 겹으로 나뉘지 않으므로 사용하지 마세요.

레몬

산뜻한 풍미를 더하고 싶을 때 사용합니다. 이 책에 소개된 레시피에서는 직접 레몬을 짜서 사용하지만, 시중에 판매되는 레몬즙을 사용해도 됩니다.

달걀

달걀을 사용하는 레시피도 있습니다. 이 책에서는 중란(노른자 20g+흰자 30g)을 사용합니다. 달걀은 최대한 신선한 것을 사용해주세요. 달걀흰자를 차갑게 식히면 머랭을 더욱 쉽게 만들 수 있습니다.

자주 하는 질문을 모아봤습니다.
궁금한 사항이 있으면 이 부분을 먼저 읽어보세요.

자주 하는 질문

층이 두 겹으로 잘 나뉘지 않아요! 원인이 뭘까요?

주스의 과즙 농도나 과육은 문제가 되지 않습니다. 층이 나뉘지 않는 원인으로는 다음과 같은 세 가지를 생각해볼 수 있습니다.
① 젤리액을 냉장실에 넣기 전에 충분히 식히지 않았을 경우(이 단계에서 층이 두 겹으로 나뉜 후에 냉장실에 넣어야 합니다)
② 생크림을 붓고 너무 오래 섞었을 경우(너무 오래 저으면 층이 두 겹으로 나뉘지 않거나, 나뉘더라도 층이 고르지 않을 수 있습니다)
③ 퓌레 주스를 사용했을 경우
이러한 점을 고려해 다시 한 번 도전해보세요.

판 젤라틴으로도 만들 수 있나요?

만들 수 있습니다. 레시피에 나온 젤라틴 가루와 같은 양의 판 젤라틴을 대신 사용해도 됩니다. 단, 앞서 설명한 것처럼 판 젤라틴도 젤라틴 가루처럼 제품마다 사용량이 다르므로 이를 반드시 확인해야 합니다. 판 젤라틴을 불릴 때는 판 젤라틴이 완전히 잠길 정도의 물을 준비하고, 여기에 판 젤라틴을 1~2분 동안 담가 불립니다.

생크림 대신 우유를 사용해도 될까요?

생크림 대신 우유를 사용하면 층이 두 겹으로 깔끔하게 나뉘지 않습니다. 자세한 이유는 알 수 없지만, 유지방 함량이 적은 탓일 수도 있습니다. 인터넷에 올라오는 레시피 중에 우유를 사용하는 것이 있기는 하지만, 실패의 원인이 될 수 있으니 가급적 생크림을 사용하시기 바랍니다. 식물성 크림도 마찬가지로 층이 두 겹으로 나뉘지 않으므로 사용하지 않는 것이 좋습니다.

젤리가 잘 굳지 않는데, 왜 그런 걸까요?

젤리액을 냉장실에 넣기 전에 충분히 식혔는지 생각해보세요. 아니면 너무 큰 틀을 사용해서 젤리액이 식는 데 시간이 걸릴 때도 있습니다. 이럴 때는 젤리액이 식을 때까지 충분히 기다려주세요. 서둘러 식히고 싶은 마음에 틀을 얼음물에 담갔다가는 젤리가 두 겹으로 나뉘지 않게 됩니다. 만약 충분히 식힌 후에 냉장실에 넣었는데도 젤리가 잘 굳지 않는다면 젤라틴 가루의 양이 부족했을 수도 있습니다. 이 책에서 사용한 젤라틴 가루는 액체 250ml에 젤라틴 가루 5g(액체 중량의 2%)을 넣는 제품입니다. 액체 200ml에 젤라틴 가루 5g(액체 중량의 2.5%)을 넣는 제품은 레시피에 나온 젤라틴 가루의 분량을 1.25배로 늘려서 넣으세요.

언제까지 보관할 수 있나요?

달걀노른자나 흰자가 들어간 젤리는 그날에 전부 드셔야 합니다. 다른 젤리는 일반적으로 냉장실에 2~3일 동안 보관할 수 있습니다.

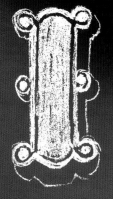

마법의 젤리

▶ 마법의 젤리의 기본 레시피를 소개합니다.
　　주스 등에 젤라틴을 넣고 생크림을 섞기만 하면 두 겹의 층을 이루는 젤리가 완성돼요.
▶ 다른 재료로 응용할 수도 있으니 다양한 젤리를 만들어보세요.
　　여러 가지 주스를 사용할 수도 있답니다.
▶ 22~24쪽에서는 시럽을 직접 만들어서 사용했지만, 시중에 판매되는 제품을 사용해도 됩니다.

로즈힙
Cynorrhodon

재료 (지름이 18cm 인 엔젤틀 1개 분량)

젤라틴 가루 10g
로즈힙 티
- 허브티 찻잎(로즈힙&히비스커스) 2팩(7g)
- 뜨거운 물 500ml

그래뉼러당 80g
레몬즙 2큰술
생크림 100ml

*허브티(로즈힙&히비스커스)
책에서는 편의상 '로즈힙 티'로 표기했지만, 사실 로즈힙과 히비스커스가 섞인 허브티입니다. 비타민C가 풍부하게 들어 있어요.

만드는 방법

1. 물 4큰술에 젤라틴 가루를 조금씩 부어 골고루 섞은 후, 10분 동안 불립니다.

2. 로즈힙 티를 만듭니다. 찻주전자 등에 허브티 잎을 넣고 뜨거운 물을 부은 다음, 뚜껑을 덮어 5분 정도 우립니다. 우려낸 차를 저울을 이용해 정확히 400g 계량합니다(a). 차가 부족할 때는 뜨거운 물을 적당히(분량 외) 섞어주세요.

3. 냄비에 **2**의 로즈힙 티 400g과 그래뉼러당을 넣고 중불에 올린 다음 실리콘 주걱으로 저어가며 그래뉼러당을 녹입니다(b).

4. 가장자리가 부글부글 끓기 시작하면(c) 불을 끕니다. 여기에 **1**에서 불려 둔 젤라틴을 넣고(d), 1분 정도 섞어 완전히 녹인 후(e), 레몬즙을 첨가해(f) 다시 젓습니다.

5. 틀 안쪽을 물에 살짝 적셔둡니다(g). **4**의 냄비에 생크림을 넣고 두세 번 휘휘 저은 다음(h), 곧바로 틀에 조심스럽게 부어(i) 그대로 식힙니다(j). 완전히 식으면 랩을 씌우고 냉장실에 넣어 두 시간 이상 차갑게 굳힙니다.

6. 젤리가 굳으면 손끝으로 젤리의 가장자리를 살짝 눌러 틈을 만들고, 틀을 뜨거운 물에 2~3초 동안 담급니다. 다시 젤리를 손끝으로 가볍게 눌러 틀과 젤리 사이에 공기가 들어가게 한 다음, 틀 위에 접시를 엎고 그대로 뒤집습니다. 그런 다음 틀을 살살 흔들어 젤리를 꺼냅니다.

Note

- 로즈힙 티의 은은한 산미가 젤리의 단맛을 한층 끌어올립니다. 게다가 젤리가 루비처럼 선명한 붉은 빛을 띱니다.
- 다른 허브티를 대신 사용해도 됩니다. 단, 젤리에는 새콤한 맛이 나는 차가 어울립니다.

칼피스
Calpis

재료 (140㎖ 용량의 유리잔 2개 분량)

젤라틴 가루 5g
칼피스 (5배 희석시키는 제품) 100㎖
레몬즙 1작은술
생크림 50㎖

만드는 방법

1. 물 2큰술에 젤라틴 가루를 조금씩 부어 골고루 섞은 후, 10분 동안 불립니다.

2. 냄비에 칼피스와 물 100㎖를 담아 중불에 올린 후, 가장자리가 보글보글 끓기 시작하면 불을 끕니다. 여기에 미리 불려 둔 젤라틴을 넣고, 실리콘 주걱으로 1분 정도 저어 완전히 녹인 후, 레몬즙을 첨가해 다시 젓습니다.

3. 2에 생크림을 넣고 두세 번 크게 휘휘 저은 다음, 국자 등을 이용해 곧바로 유리잔 두 개에 고르게 나누어 담고, 그대로 식힙니다. 완전히 식으면 랩을 씌우고 냉장실에 넣어 두 시간 이상 차갑게 굳힙니다.

Note

• 칼피스 특유의 새콤달콤한 맛을 느낄 수 있는 젤리입니다. 다른 맛이 첨가된 칼피스로도 만들 수 있습니다.

재료(180㎖ 용량의 유리잔 2개 분량)

젤라틴 가루 5g
파인애플 주스 160㎖
그래뉼러당 30g
레몬즙 1작은술
코코넛밀크 90㎖

만드는 방법

1. 물 2큰술에 젤라틴 가루를 조금씩 부어 골고루 섞은 후, 10분 동안 불립니다.

2. 냄비에 파인애플 주스와 그래뉼러당을 담아 중불에 올린 후, 실리콘 주걱으로 저어가며 그래뉼러당을 녹입니다.

3. 가장자리가 보글보글 끓기 시작하면 불을 끕니다. 여기에 **1**에서 미리 불려 둔 젤라틴을 넣고 1분 정도 저어 완전히 녹인 후, 레몬즙을 첨가해 다시 젓습니다.

4. 3에 코코넛밀크를 넣고 두세 번 크게 휘휘 저은 다음, 국자 등을 이용해 곧바로 유리잔 두 개에 고르게 나누어 담아 그대로 식힙니다. 완전히 식으면 랩을 씌우고 냉장실에 넣어 두 시간 이상 차갑게 굳힙니다.

Note

• 진한 코코넛밀크와 새콤한 파인애플 주스로 만든 이국적인 젤리입니다.
• 파인애플 주스는 과즙 100% 제품을 사용합니다.
• 코코넛밀크는 종이팩이나 캔에 담겨 판매됩니다. 내용물이 굳었을 때는 내열용기에 옮겨 담은 후, 전자레인지에 돌려 녹입니다. 전자레인지에 녹일 때는 10초마다 꺼내어 상태를 확인합니다.

파인애플과 코코넛밀크
Ananas-Lait de coco

포도 주스
Jus de raisin
→ 20쪽

크랜베리 주스
Jus de canneberge
→21쪽

벌꿀 레몬
Miel-Citron
→21쪽

포도 주스
Jus de raisin

재료〔지름이 15cm인 일체형 원형틀 1개 분량〕

젤라틴 가루 15g

달걀노른자 2개 분량(약 40g)

그래뉼러당 60g

우유 100ml

생크림 100ml

포도 주스 500ml

레몬즙 2작은술

*포도 주스
잘 익은 포도를 짜서 만든 주스로, 항산화 성분인 폴리페놀이 풍부하게 함유되어 있습니다.

만드는 방법

1. 물 6큰술에 젤라틴 가루를 조금씩 부어 골고루 섞은 후, 10분 동안 불립니다.

2. 볼에 달걀노른자를 넣고 거품기로 푼 다음(ⓐ), 그래뉼러당을 넣고 노른자가 뽀얗게 변할 때까지 젓습니다(ⓑ).

3. 우유를 두 번에 나누어 넣고, 우유를 넣을 때마다 골고루 섞습니다(ⓒ). 그런 다음 생크림을 한꺼번에 붓고(ⓓ), 골고루 섞이도록 젓습니다.

4. 냄비에 포도 주스를 담아 중불에 올린 후, 가장자리가 보글보글 끓기 시작하면 불을 끕니다. 여기에 미리 불려 둔 젤라틴을 넣고, 실리콘 주걱으로 1분 정도 저어 완전히 녹인 후 레몬즙을 첨가해 젓습니다.

5. 틀 안쪽을 물에 살짝 적셔둡니다. 3의 볼에 4를 넣고(ⓔ), 두세 번 크게 휘휘 저은 다음(ⓕ), 곧바로 틀에 조심스럽게 부어(ⓖ) 식힙니다. 완전히 식으면 랩을 씌우고 냉장실에 넣어 두 시간 이상 차갑게 굳힙니다.

6. 젤리가 굳으면 손끝으로 젤리의 가장자리를 살짝 눌러 틈을 만든 후, 틀을 뜨거운 물에 2~3초 동안 담급니다. 다시 젤리를 손끝으로 가볍게 눌러 틀과 젤리 사이에 공기가 들어가게 한 다음, 틀 위에 접시를 엎고 그대로 뒤집습니다. 그런 다음 틀을 살살 흔들어 젤리를 꺼냅니다.

Note

• 달걀노른자가 들어가 진하고 촉촉한 맛을 느낄 수 있습니다. 남은 달걀흰자는 우측에 실린 '크랜베리 주스'나 '벌꿀 레몬' 또는 25쪽의 '화이트초콜릿과 오렌지' 등에 사용합니다(ⓗ).

• 큰 틀을 사용하면 젤리가 완전히 식을 때까지 시간이 오래 걸릴 수 있습니다. 이때 빨리 식히려고 틀을 얼음물에 담가버리면 젤리가 층이 나뉘기도 전에 전부 굳어버립니다. 젤리는 반드시 상온에서 식혀주세요.

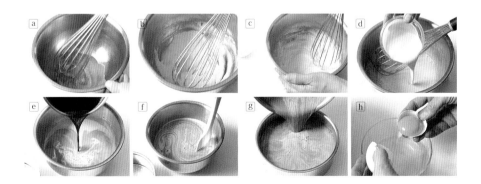

크랜베리 주스
Jus de canneberge

재료〔200ml 용량의 유리잔 3개 분량〕

젤라틴 가루 5g
크랜베리 주스 250ml
그래뉼러당 10g
레몬즙 1작은술
머랭
　달걀흰자 1개 분량(약 30g)
　그래뉼러당 30g
생크림 50ml

*크랜베리 주스
크랜베리의 강한 신맛 때문에 마시기 쉽도록 설탕을 첨가한 제품이 많습니다. 비타민C와 안토시아닌이 풍부하게 들어 있습니다.

Note
• 머랭을 첨가하면 무스 케이크처럼 폭신폭신하고 가벼운 식감을 느낄 수 있습니다.

만드는 방법

1. 물 2큰술에 젤라틴 가루를 조금씩 부어 골고루 섞은 후, 10분 동안 불립니다.

2. 냄비에 크랜베리 주스와 그래뉼러당을 담아 중불에 올린 후, 실리콘 주걱으로 저어가며 그래뉼러당을 녹입니다.

3. 가장자리가 보글보글 끓기 시작하면 불을 끕니다. 여기에 불려 둔 젤라틴을 넣고, 1분 정도 저어 완전히 녹인 다음 레몬즙을 첨가해 다시 젓습니다.

4. 머랭을 만듭니다. 볼에 달걀흰자를 넣고 핸드믹서를 저속으로 30초 정도 돌려 흰자를 풉니다. 여기에 그래뉼러당 15g을 넣고 핸드믹서를 고속으로 30초 정도 돌려 거품을 냅니다. 여기에 남은 그래뉼러당 15g을 넣고 다시 핸드믹서를 고속으로 30초 정도 돌린 다음, 저속으로 1분 정도 돌려 거품을 냅니다. 머랭에 윤기가 돌고, 머랭을 떴을 때 끝부분이 뾰족하게 서는 정도가 적당합니다(ⓐ).

5. 머랭에 생크림을 조금씩 부어가며 핸드믹서를 저속으로 돌려 가볍게 섞습니다. 전체적으로 고르게 섞이는 정도면 됩니다.

6. 여기에 3을 붓고, 거품기로 바닥에서부터 퍼 올리듯이 대여섯 번 섞습니다(너무 오래 섞지 않도록 합니다).ⓑ). 곧바로 국자 등을 이용해 유리잔에 고르게 나누어 붓고, 그대로 식힙니다. 완전히 식으면 랩을 씌우고 냉장실에 넣어 두 시간 이상 차갑게 굳힙니다.

벌꿀 레몬
Miel-Citron

재료〔250ml 용량의 유리잔 3개 분량〕

젤라틴 가루 10g
레몬즙 4큰술
벌꿀 80g
머랭
　달걀흰자 2개 분량(약 60g)
　그래뉼러당 40g
생크림 100ml

*벌꿀
아까시꽃이나 연꽃, 클로버 등에서 채취한 꿀이 향이 강하지 않아 사용하기 좋습니다.
가급적 순도 100%인 제품을 써주세요.

Note
• 레몬의 상큼한 맛이 벌꿀의 달콤한 맛을 한층 끌어올립니다.
• 머랭은 시간이 지나면 가라앉으므로 만들자마자 바로 생크림과 젤리액을 섞는 것이 좋습니다. 머랭의 알맞은 상태는 위의 '크랜베리 주스'의 사진 ⓐ를 참조하시기 바랍니다.

만드는 방법

1. 물 4큰술에 젤라틴 가루를 조금씩 부어 골고루 섞은 후, 10분 동안 불립니다.

2. 냄비에 물 200ml, 레몬즙, 벌꿀을 넣고 중불에 올린 후, 실리콘 주걱으로 저어가며 벌꿀을 녹입니다.

3. 가장자리가 보글보글 끓기 시작하면 불을 끕니다. 여기에 불려 둔 젤라틴을 넣고, 1분 동안 섞어 완전히 녹입니다.

4. 머랭을 만듭니다. 볼에 달걀흰자를 넣고, 핸드믹서를 저속으로 30초 정도 돌려 흰자를 풉니다. 여기에 그래뉼러당 20g을 넣고, 핸드믹서를 고속으로 30초 정도 돌려 거품을 냅니다. 여기에 남은 그래뉼러당 20g을 넣고 다시 핸드믹서를 고속으로 30초 정도 돌려 거품을 낸 다음, 저속으로 1분 정도 더 돌립니다. 머랭에 윤기가 돌고, 머랭을 떴을 때 끝부분이 뾰족하게 서는 정도가 적당합니다.

5. 머랭에 생크림을 조금씩 넣어가며 핸드믹서를 저속으로 돌려 가볍게 섞습니다. 전체적으로 골고루 섞이는 정도면 됩니다.

6. 여기에 3을 붓고, 거품기로 바닥에서부터 퍼 올리듯이 대여섯 번 섞습니다(너무 오래 섞지 않도록 합니다). 곧바로 국자 등을 이용해 유리잔에 고르게 나누어 붓고, 그대로 식힙니다. 완전히 식으면 랩을 씌우고 냉장실에 넣어 두 시간 이상 차갑게 굳힙니다.

딸기 시럽
Sirop de fraise
→ 24쪽

포도 시럽
Sirop de raisin
→24쪽

딸기 시럽
Sirop de fraise

재료 (지름이 18cm인 엔젤틀 1개 분량)

딸기 시럽 (만들기 쉬운 분량)

| 딸기 300g
| 그래뉼러당 300g
| 레몬즙 1큰술

젤라틴 가루 10g

레몬즙 2작은술

생크림 100ml

Note

• 딸기 시럽을 만들 때는 사용할 볼과 실리콘
주걱, 보관용 병을 미리 끓는 물에 소독해야
균의 번식을 막을 수 있습니다. 젤리를 만들고
남은 시럽은 탄산수 등에 타 먹으면 맛있습니다.

만드는 방법

1. 딸기 시럽을 만듭니다. 볼에 딸기, 그래뉼러당, 레몬즙을 넣고 실리콘 주걱으로 가볍게 섞은 다음(ⓐ), 랩을 씌워 어둡고 서늘한 곳(따뜻한 계절에는 냉장고 채소칸)에 1주일 정도 둡니다(ⓑ). 딸기에서 수분이 서서히 빠져나오므로 하루에 한 번 이상 실리콘 주걱으로 골고루 섞습니다. 수분이 충분히 빠져나오면(ⓒ), 페이퍼타월을 깐 체에 한 번 거른 다음(ⓓ) 200ml를 따로 담아둡니다. 남은 시럽은 보관용 병에 옮겨 담아 냉장실에 보관합니다(대략 한 달 정도 보관 가능합니다).

2. 물 4큰술에 젤라틴 가루를 조금씩 부어 골고루 섞은 후, 10분 동안 불립니다.

3. 냄비에 물 200ml와 **1**의 딸기 시럽 200ml를 넣고 중불에 올린 후, 가장자리가 보글보글 끓기 시작하면 불을 끕니다. 여기에 불려 둔 젤라틴을 넣고, 실리콘 주걱으로 1분 정도 저어 완전히 녹인 다음, 레몬즙을 첨가해 다시 젓습니다.

4. 틀 안쪽을 물에 살짝 적셔둡니다. **3**의 냄비에 생크림을 넣고 두세 번 크게 휘휘 저은 다음, 곧바로 틀에 조심스럽게 부어 그대로 식힙니다. 완전히 식으면 랩을 씌우고 냉장실에 넣어 두 시간 이상 차갑게 굳힙니다.

5. 젤리가 굳으면 손끝으로 젤리의 가장자리를 가볍게 눌러 틈을 만든 후, 틀을 뜨거운 물에 2~3초 동안 담급니다. 그런 다음 다시 손끝으로 젤리를 살짝 눌러 틀과 젤리 사이에 공기가 들어가게 한 다음, 틀 위에 접시를 엎어 그대로 뒤집습니다. 그리고 틀을 살살 흔들어 젤리를 꺼냅니다.

포도 시럽
Sirop de raisin

재료 (150ml 용량의 유리잔 2개 분량)

포도 시럽 (만들기 쉬운 분량)

| 포도 500g
| 그래뉼러당 적당량(포도 용액 200ml에 약 70g 사용)
| 레몬즙 적당량(포도 용액 200ml에 1큰술 사용)

젤라틴 가루 5g

레몬즙 1작은술

생크림 50ml

Note

• 포도는 알이 작은 것을 사용합니다. 시럽을
보관하는 병은 사용하기 전에 반드시 끓는
물에 소독합니다.

만드는 방법

1. 포도 시럽을 만듭니다. 포도를 한 알씩 전부 떼어냅니다. 냄비에 포도와 물 200ml를 담고 중불에 올려 끓입니다. 포도 껍질이 벗겨지기 시작하면(ⓐ) 페이퍼타월을 깐 체에 한 번 거릅니다(ⓑ). 체에 거른 포도 용액을 저울에 올려 무게를 잰 다음, 다시 냄비에 붓습니다. 포도 용액의 양에 맞추어 그래뉼러당과 레몬즙을 계량해둡니다.

2. **1**의 냄비에 그래뉼러당을 담아 중불에 올리고, 실리콘 주걱으로 저어가며 그래뉼러당을 녹입니다.

3. 끓기 시작하면 불을 끄고, 레몬즙을 첨가해 젓습니다. 그런 다음 저장용 병에 옮겨 담아 그대로 식히면 포도 시럽이 완성됩니다. 완성된 포도 시럽 중에 120ml를 따로 담아놓고, 남은 시럽은 냉장실에 보관합니다(대략 한 달 정도 보관 가능합니다).

4. 물 2큰술에 젤라틴 가루를 조금씩 부어 골고루 섞은 후, 10분 동안 불립니다.

5. 냄비에 물 80ml와 **3**의 포도 시럽 120ml를 담아 중불에 올린 다음, 가장자리가 보글보글 끓기 시작하면 불을 끕니다. 여기에 불려 둔 젤라틴을 넣고 1분 정도 저어 완전히 녹인 후, 레몬즙을 첨가해 다시 젓습니다.

6. 여기에 생크림을 붓고 두세 번 크게 휘휘 저은 다음, 곧바로 국자 등을 이용해 유리잔에 나누어 담아 그대로 식힙니다. 완전히 식으면 랩을 씌우고 냉장실에 넣어 두 시간 이상 차갑게 굳힙니다.

초콜릿과 크랜베리
Chocolat-Canneberge

재료〔160ml 용량의 유리잔 2개 분량〕

젤라틴 가루 5g
스위트 초콜릿 20g
생크림 50ml
크랜베리 주스 200ml
그래뉼러당 20g
레몬즙 1작은술

*스위트 초콜릿
제과용 커버추어 초콜릿을 사용합니다. 쌉싸래한 맛이 감도는 스위트 초콜릿이 잘 어울립니다. 발로나(VALRHONA)사의 '카라크(CARAQUE)'나 '구아나야(GUANAJA)'(카리브 해에 위치한 섬 이름으로, 정확한 표기는 '구아나야'지만, 발로나사의 초콜릿이 국내에서 '과나하'라는 표기로 더 잘 알려져 있습니다 ―역자) 등을 추천합니다.

만드는 방법

1. 물 2큰술에 젤라틴 가루를 조금씩 부어 골고루 섞은 후, 10분 동안 불립니다.
2. 초콜릿은 잘게 다집니다ⓐ. 내열용기에 생크림과 초콜릿을 넣고 실리콘 주걱으로 잘 섞은 다음 랩을 씌우지 않은 채로 전자레인지에 30초 정도 돌립니다. 다시 잘 저어 초콜릿을 녹인 후ⓑ, 냉장실에 넣어 식힙니다.
3. 냄비에 크랜베리 주스와 그래뉼러당을 담아 중불에 올린 후, 실리콘 주걱으로 저어가며 그래뉼러당을 녹입니다.
4. 가장자리가 보글보글 끓기 시작하면 불을 끕니다. 여기에 불려 둔 젤라틴을 넣고 1분 정도 저어 완전히 녹인 다음 레몬즙을 첨가해 가볍게 섞은 뒤, 한 김 식힙니다.
5. 여기에 **2**를 넣고 두세 번 크게 휘휘 저은 다음, 곧바로 국자 등을 이용해 유리잔에 고르게 옮겨 담아 그대로 식힙니다. 다 식으면 랩을 씌우고 냉장실에 넣어 두 시간 이상 차갑게 굳힙니다.

Note
- 크랜베리 주스 대신 포도 주스나 오렌지 주스를 사용해도 맛있는 젤리가 만들어집니다.
- **2**와 **4**의 온도가 너무 높으면 젤리가 두 겹의 층으로 나뉘지 않습니다. **2**는 완전히 식히고, **4**는 약 40℃까지 식힌 후에 섞습니다.

화이트초콜릿과 오렌지
Chocolat blanc-Orange

재료〔160ml 용량의 유리잔 3개 분량〕

젤라틴 가루 5g
화이트초콜릿 20g
오렌지 주스 200ml
그래뉼러당 15g
레몬즙 1작은술
머랭
　달걀흰자 1개 분량〔약 30g〕
　그래뉼러당 15g
생크림 50ml

화이트초콜릿
제과용 커버추어 초콜릿을 사용합니다. 발로나의 '이부아르(IVOIRE)'처럼 진한 초콜릿을 사용하는 것이 좋습니다.

오렌지 주스
신맛과 단맛이 적절히 섞여 있어 산뜻한 맛을 냅니다. 비타민C가 풍부하게 들어 있어 감기나 스트레스 예방에 효과적입니다.

Note
- 단맛이 강한 화이트초콜릿에 오렌지의 새콤한 맛을 가미한 산뜻한 젤리입니다.

만드는 방법

1. 물 2큰술에 젤라틴 가루를 조금씩 부어 골고루 섞은 후, 10분 동안 불립니다.
2. 화이트초콜릿을 잘게 다져 내열용기에 담고, 랩을 씌우지 않은 채로 전자레인지에 30~40초 동안 돌린 다음 꺼내어 실리콘 주걱으로 저어 녹입니다.
3. 냄비에 오렌지 주스와 그래뉼러당을 넣고 중불에 올린 후, 실리콘 주걱으로 저어가며 그래뉼러당을 녹입니다.
4. 가장자리가 보글보글 끓기 시작하면 불을 끕니다. 여기에 불려 둔 젤라틴을 넣고 1분 정도 저어 완전히 녹인 후, 레몬즙을 첨가해 다시 젓습니다.
5. 머랭을 만듭니다. 볼에 달걀흰자를 넣고, 핸드믹서를 저속으로 30초 정도 돌려 흰자를 풉니다. 그래뉼러당 7.5g을 넣고 핸드믹서를 고속으로 30초 정도 돌려 거품을 냅니다. 남은 그래뉼러당 7.5g을 마저 넣고 핸드믹서를 고속으로 30초 정도 돌려 거품을 낸 다음, 저속으로 1분 정도 더 돌립니다. 머랭에 윤기가 돌고, 머랭을 떴을 때 끝부분이 뾰족하게 서는 정도가 적당합니다.
6. 머랭에 생크림을 조금씩 첨가하며 핸드믹서를 저속으로 돌려 가볍게 섞습니다. 여기에 **2**의 화이트초콜릿을 넣고, 마찬가지로 살짝 섞습니다. 전체적으로 골고루 섞이는 정도면 됩니다.
7. 여기에 **4**를 넣고 거품기로 바닥에서부터 퍼 올리듯이 대여섯 번 섞습니다 (너무 오래 섞지 않도록 합니다). 곧바로 국자 등을 이용해 유리잔에 고르게 나누어 붓고, 그대로 식힙니다. 완전히 식으면 랩을 씌우고 냉장실에 넣어 두 시간 이상 차갑게 굳힙니다.

초콜릿과 크랜베리
Chocolat-Canneberge
→ 25쪽

화이트초콜릿과 오렌지

Chocolat blanc-Orange

→ 25쪽

생 오렌지
Orange frais
→ 30쪽

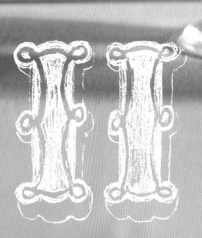

마법의 젤리 *plus*

▶기본적인 마법의 젤리에 과일이나 꽃을 추가했습니다.
화려함을 더한 젤리는 손님 접대용이나 홈 파티용 디저트로 안성맞춤이지요.
▶41쪽의 '백도', 42쪽의 '장미', 44쪽의 '사과 장미', 46쪽의 '벚꽃', 48쪽의 '식용꽃'은 젤리액을 두 번에 나누어 담기 때문에 젤리가 세 겹의 층을 이룹니다.

치즈 케이크 풍의 오렌지

Gâteau au fromage à l'orange

→ 30쪽

생 오렌지
Orange frais

재료〔150ml 용량의 유리잔 2개 분량〕

젤라틴 가루 5g
오렌지 약 3개(과즙과 과육을 합쳐 200g)
그래뉼러당 20g
레몬즙 1작은술
생크림 50ml

만드는 방법

1. 물 2큰술에 젤라틴 가루를 조금씩 부어 골고루 섞은 후, 10분 동안 불립니다.

2. 오렌지를 가로로 반을 자른 다음, 착즙기를 이용해 과즙을 짭니다(ⓐ). 짠 과즙과 착즙기에 붙은 과육을 합쳐 200g을 만듭니다.

3. 냄비에 **2**의 오렌지 과즙 및 과육 200g과 그래뉼러당을 담아 중불에 올린 후, 실리콘 주걱으로 저어가며 그래뉼러당을 녹입니다.

4. 가장자리가 보글보글 끓기 시작하면 불을 끕니다. 여기에 불려 둔 젤라틴을 넣고, 1분 정도 저어 완전히 녹인 다음, 레몬즙을 첨가해 다시 젓습니다.

5. 생크림을 넣고 두세 번 크게 휘휘 저은 다음, 곧바로 국자 등을 이용해 유리잔에 고르게 나누어 담아 그대로 식힙니다. 완전히 식으면 랩을 씌우고 냉장실에 넣어 두 시간 이상 차갑게 굳힙니다.

Note

• 오렌지의 과즙과 과육이 듬뿍 들어가 식감이 좋습니다. 다른 감귤류를 사용해도 됩니다.

치즈 케이크 풍의 오렌지
Gâteau au fromage à l'orange

재료〔400ml 용량의 용기 1개 분량〕

젤라틴 가루 5g
마스카르포네 치즈 50g
그래뉼러당 10+10g
생크림 50ml
오렌지 주스 200ml
레몬즙 1작은술
오렌지 적당량

*마스카르포네 치즈
숙성시키지 않은 생치즈로, 식감은 약간 단단한 휘프드 크림과 비슷합니다. 맛과 향이 강하지 않으며 산뜻한 맛을 냅니다.

만드는 방법

1. 물 2큰술에 젤라틴 가루를 조금씩 부어 골고루 섞은 후, 10분 동안 불립니다.

2. 볼에 마스카르포네 치즈와 그래뉼러당 10g을 넣고 거품기로 젓습니다. 그래뉼러당이 녹으면 생크림을 넣고 골고루 섞습니다.

3. 냄비에 오렌지 주스와 그래뉼러당 10g을 담아 중불에 올린 후, 실리콘 주걱으로 저어가며 그래뉼러당을 녹입니다.

4. 가장자리가 보글보글 끓기 시작하면 불을 끕니다. 여기에 불려 둔 젤라틴을 넣고 1분 정도 저어 완전히 녹인 다음 레몬즙을 첨가해 다시 젓습니다.

5. **2**의 볼에 **4**를 넣고 두세 번 크게 휘휘 저은 다음, 곧바로 국자 등을 이용해 용기에 조심스럽게 옮겨 담은 후 그대로 식힙니다. 완전히 식으면 랩을 씌우고 냉장실에 넣어 두 시간 이상 차갑게 굳힙니다.

6. 오렌지를 속껍질까지 모두 벗기고(ⓐ), 속껍질과 과육 사이에 칼집을 내 과육을 한 덩어리씩 빼내어(ⓑ) **5**에 올립니다.

Note

• 치즈 케이크처럼 부드러운 젤리입니다. 마스카르포네 치즈가 들어가 산뜻한 맛을 느낄 수 있습니다. 젤리 위에 올리는 오렌지는 생략해도 됩니다.

• 이 젤리는 워낙 부드럽기 때문에 틀로는 만들 수가 없으니 반드시 유리잔을 사용하시기 바랍니다.

레모네이드
Limonade

재료〔80ml 용량의 푸딩틀 4개 분량〕

레모네이드(만들기 쉬운 분량)
  레몬 1개(100g)
  그래뉼러당 100g
젤라틴 가루 5g
생크림 50ml

만드는 방법

1. 레모네이드를 만듭니다. 레몬은 껍질을 깨끗이 씻은 다음 2~3mm 두께로 둥글게 썰고 씨를 뺍니다. 병에 레몬 2~3조각과 그래뉼러당을 번갈아 넣은 다음(ⓐ), 뚜껑을 덮어 어둡고 서늘한 곳(따뜻한 계절에는 냉장고 채소칸)에 하루나 이틀 정도 둡니다(ⓑ). 그래뉼러당이 완전히 녹으면 레모네이드가 완성됩니다(ⓒ).

2. 물 2큰술에 젤라틴 가루를 조금씩 부어 골고루 섞은 후, 10분 동안 불립니다.

3. 1에서 만든 레모네이드의 레몬 여덟 조각을 페이퍼타월로 감싸 물기를 뺍니다. 푸딩틀 안쪽을 물에 살짝 적신 다음, 여기에 레몬을 두 조각씩 담습니다(ⓓ).

4. 냄비에 물 150ml와 1의 레모네이드 시럽 50ml를 넣고 중불에 올린 후, 가장자리가 보글보글 끓기 시작하면 불을 끕니다. 여기에 불린 젤라틴을 넣고 실리콘 주걱으로 1분 정도 저어 완전히 녹입니다.

5. 생크림을 넣고 두세 번 크게 휘휘 저은 다음, 곧바로 국자 등을 이용해 틀에 고르게 나누어 담아 그대로 식힙니다. 완전히 식으면 랩을 씌우고 냉장실에 넣어 두 시간 이상 차갑게 굳힙니다.

6. 젤리가 굳으면 손끝으로 젤리의 가장자리를 가볍게 눌러 틈을 만들고, 틀을 뜨거운 물에 2~3초 동안 담급니다. 다시 한 번 젤리를 살짝 눌러 틀과 젤리 사이에 공기가 들어가게 한 다음, 접시를 얹고 그대로 뒤집습니다. 그런 다음 틀을 살살 흔들어 젤리를 꺼냅니다.

Note
- 레몬은 재배 중에는 물론이고 수확 후에도 농약을 전혀 사용하지 않은 레몬을 사용합니다.
- 젤리를 만들고 남은 레모네이드는 냉장실에 보관합니다. 레모네이드를 보관하는 병은 균이 번식하지 않도록 반드시 미리 뜨거운 물에 소독합니다. 남은 레모네이드는 탄산수 등에 타 먹으면 맛있습니다. 레모네이드는 냉장실에 약 1주일 정도 보관 가능합니다.

홍자몽
Pamplemousse

재료〔지름이 20cm인 마거리트 틀 1개 분량〕

젤라틴 가루 20g
홍자몽 작은 것 3개(300g)
자몽 주스 600ml
그래뉼러당 90g
생크림 150ml

*자몽 주스
잘 익은 자몽을 짠 주스. 산뜻한 향과 새콤한 맛을 지녔으며, 뒷맛이 깔끔합니다.

만드는 방법

1. 물 6큰술에 젤라틴 가루를 조금씩 부어 골고루 섞은 후, 10분 동안 불립니다.

2. 자몽은 과육을 발라내어 큼직하게 찢은 후 페이퍼타월로 감싸 물기를 뺍니다. 틀 안쪽을 물에 살짝 적신 다음, 틀 안에 물기를 뺀 자몽을 깝니다(ⓐ).

3. 냄비에 자몽 주스와 그래뉼러당을 담아 중불에 올린 후, 실리콘 주걱으로 저어가며 그래뉼러당을 녹입니다.

4. 가장자리가 보글보글 끓기 시작하면 불을 끕니다. 여기에 불려 둔 젤라틴을 넣고 1분 정도 저어 완전히 녹입니다. 생크림을 첨가해 두세 번 크게 휘휘 저은 다음, 곧바로 2의 틀에 조심스럽게 부어 그대로 식힙니다. 완전히 식으면 랩을 씌우고 냉장실에 넣어 두 시간 이상 차갑게 굳힙니다.

5. 젤리가 굳으면 손끝으로 가장자리를 살짝 눌러 틈을 만든 다음 틀을 뜨거운 물에 2~3초 동안 담급니다. 다시 한 번 젤리를 손끝으로 가볍게 눌러 젤리와 틀 사이에 공기가 들어가게 한 다음 접시를 얹고 그대로 뒤집습니다. 그런 다음 틀을 살살 흔들어 젤리를 꺼냅니다.

Note
- 홍자몽 대신 일반적인 백자몽을 사용해도 됩니다.
- 지름이 18cm인 일체형 원형틀을 대신 사용해도 됩니다. 단, 사진에 나온 것보다 젤리의 높이가 조금 높아집니다.

레모네이드
Limonade
→ 31쪽

홍자몽
Pamplemousse
→ 31쪽

화이트 상그리아
Sangria blanche

재료(250ml 용량의 유리잔 2개 분량)

젤라틴 가루 5g
자몽 35g
귤 작은 것 ½개(35g)
사과(껍질을 벗기지 않은 것) 35g
자몽 주스 150ml
화이트 와인 50ml
그래뉼러당 30g
레몬즙 1작은술
생크림 50ml

만드는 방법

1. 물 2큰술에 젤라틴 가루를 조금씩 부어 골고루 섞은 후, 10분 동안 불립니다.

2. 자몽과 귤은 과육을 발라내어 큼직하게 찢은 다음 페이퍼타월로 감싸 물기를 뺍니다. 사과는 껍질을 벗기지 않고 그대로 1cm 크기로 깍둑썰기합니다. 손질한 과일을 전부 유리잔 두 개에 고르게 나누어 담습니다.

3. 냄비에 자몽 주스와 화이트 와인, 그래뉼러당을 넣고 중불에 올린 후, 실리콘 주걱으로 저어가며 그래뉼러당을 녹입니다.

4. 가장자리가 보글보글 끓기 시작하면 불을 끕니다. 여기에 불려 둔 젤라틴을 넣고 1분 정도 저어 완전히 녹인 후, 레몬즙을 첨가해 다시 젓습니다.

5. 4에 생크림을 넣고 두세 번 크게 휘휘 저은 다음, 곧바로 국자 등을 이용해 2의 유리잔에 고르게 나누어 담아 그대로 식힙니다.

Note
- 화이트 와인을 넣어 만든 고급스러운 젤리입니다. 포도나 베리 종류, 감귤류 등이 잘 어울리므로 다른 과일로도 한번 만들어보세요. 과일의 총량은 100g 정도가 적당합니다.

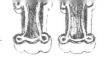

레드 상그리아
Sangria rouge

재료(160ml 용량의 유리잔 2개 분량)

A
  딸기 작은 것 8개(80g)
  로제 와인 1작은술
  그래뉼러당 3g
젤라틴 가루 5g

B
  로제와인 150ml
  그래뉼러당 40~45g
레몬즙 2작은술
생크림 50ml

만드는 방법

1. 볼에 **A**를 넣고 실리콘 주걱으로 섞은 다음 랩을 딸기 표면에 밀착시켜 덮은 채로 한 시간 정도 그대로 둡니다. 그런 다음 딸기를 건져 페이퍼타월로 감싸 물기를 뺀 다음 유리잔 두 개에 고르게 나누어 담습니다. 남은 시럽은 저울에 무게를 잰 후, 물을 섞어 정확히 50ml를 만듭니다.

2. 물 2큰술에 젤라틴 가루를 조금씩 부어 골고루 섞은 다음, 10분 동안 불립니다.

3. 냄비에 1의 시럽 50ml와 **B**를 담아 중불에 올린 후, 실리콘 주걱으로 저어가며 그래뉼러당을 녹입니다.

4. 가장자리가 보글보글 끓기 시작하면 불을 끕니다. 여기에 불려 둔 젤라틴을 넣고, 1분 정도 저어 완전히 녹인 뒤, 레몬즙을 첨가해 다시 젓습니다.

5. 4에 생크림을 넣고 두세 번 크게 휘휘 저은 다음, 곧바로 국자 등을 이용해 1의 유리잔에 고르게 나누어 담아 그대로 식힙니다. 완전히 식으면 랩을 씌우고 냉장실에 넣어 두 시간 이상 차갑게 굳힙니다.

Note

• 로제 와인과 딸기가 어우러진 젤리로, 딸기에 로제 와인의 풍미가 스며들어 환상적인 맛을 냅니다. 와인의 당도에 따라 **B**에 들어가는 그래뉼러당의 양을 조절하세요.

믹스 베리
Fruits rouges
→ 38쪽

우메보시
Prunes marinées
→ 38쪽

38

믹스 베리
Fruits rouges

재료(150ml 용량의 유리잔 2개 분량)

젤라틴 가루 3g

믹스 베리(냉동) 100g

그래뉼러당 30g

레몬즙 1작은술

생크림 50ml

*믹스 베리(냉동)
라즈베리, 커런트, 블랙베리,
다크 체리 등이 들어 있습니
다. 업체마다 과일의 종류가
조금씩 다릅니다.

만드는 방법

1. 물 1큰술에 젤라틴 가루를 조금씩 부어 골고루 섞은 후, 10분 동안 불립니다.

2. 냄비에 물 100ml, 냉동 상태의 믹스 베리, 그래뉼러당을 담아 중불에 올린 다음 실리콘 주걱으로 저어가며 그래뉼러당을 녹입니다(ⓐ).

3. 가장자리가 보글보글 끓기 시작하면 불을 끕니다. 여기에 불려 둔 젤라틴을 넣고 1분 정도 저어 완전히 녹인 다음, 레몬즙을 첨가해 다시 젓습니다.

4. 3에 생크림을 넣고 두세 번 크게 휘휘 저은 다음, 곧바로 국자 등을 이용해 유리잔에 고르게 나누어 담아 그대로 식힙니다. 완전히 식으면 랩을 씌우고 냉장실에 넣어 두 시간 이상 차갑게 굳힙니다.

Note

- 젤리에 든 믹스 베리가 씹는 맛을 더합니다. 이 책에서는 냉동 제품을 사용했지만, 생과일을 사용해도 됩니다.
- 그래뉼러당을 녹이면서 저으면 믹스 베리가 선명한 보랏빛을 띱니다.
- 앞서 소개한 다른 레시피처럼 젤라틴 가루를 5g 넣으면 젤리가 단단해지므로 3g으로 줄였습니다.
- 이 젤리는 부드러워서 틀로 만들기에는 적합하지 않으니 반드시 유리잔을 사용하시기 바랍니다.

우메보시
Prunes marinées

재료(150ml 용량의 유리잔 2개 분량)

우메보시 시럽

　우메보시 2개(30g)

　그래뉼러당 50g

젤라틴 가루 5g

생크림 50ml

*우메보시
우메보시는 탄력과 강도가 적당
하고, 붉은색을 띤 것을 사용하
세요. 우메보시 특유의 식감과 아
름다운 색을 느낄 수 있습니다.
우메보시의 염도는 입맛에 따라
조절하시기 바랍니다.

만드는 방법

1. 우메보시 시럽을 만듭니다. 대나무 꼬치로 우메보시 곳곳을 찌른 다음, 냄비에 우메보시를 담고 우메보시가 잠길 정도로 물을 부어 중불에 올립니다. 물이 끓기 시작하면 우메보시를 체에 건져 물기를 뺍니다.

2. 냄비에 우메보시를 다시 담고, 물 200ml와 그래뉼러당을 넣어 중불에 올립니다. 실리콘 주걱으로 저어가며 그래뉼러당을 녹입니다. 펄펄 끓기 시작하면 불을 약하게 줄여 10분 정도 더 끓인 다음 불을 끕니다. 그러면 우메보시 시럽이 완성됩니다.

3. 물 2큰술에 젤라틴 가루를 조금씩 부어 골고루 섞은 후, 10분 동안 불립니다.

4. 2의 우메보시 시럽에서 우메보시를 건져 페이퍼타월로 감싸 물기를 뺀 다음, 유리잔에 고르게 나누어 담습니다. 남은 시럽을 저울에 재어 200ml를 준비합니다. 시럽이 부족할 때는 물을 섞어 정확히 200ml를 맞춥니다.

5. 냄비에 4의 우메보시 시럽 200ml를 담아 중불에 올린 후, 가장자리가 보글보글 끓기 시작하면 불을 끕니다. 여기에 불려 둔 젤라틴을 넣고, 실리콘 주걱으로 1분 정도 저어 완전히 녹입니다.

6. 5에 생크림을 넣고 두세 번 크게 휘휘 저은 다음, 곧바로 국자 등을 이용해 4의 유리잔에 고르게 나누어 담아 그대로 식힙니다. 다 식으면 랩을 씌우고 냉장실에 넣어 두 시간 이상 차갑게 굳힙니다.

Note

- 우메보시의 신맛과 짠맛이 입맛을 돋웁니다. 과육을 으깨어 먹어도 맛있습니다.
- 우메보시를 꼬치로 찌르는 이유는 과도한 염분을 줄이기 위해서입니다. 단, 너무 많이 찌르면 과육이 물러지므로 주의하세요.

파인애플과 타피오카
Ananas-Tapioca

재료(150ml 용량의 유리잔 2개 분량)

젤라틴 가루 5g

파인애플 주스 150ml

칼피스(5배 희석시키는 제품) 60ml

레몬즙 1작은술

생크림 50ml

타피오카 펄(작은 것 · 건조) 5g

파인애플 통조림 20g

코코넛밀크 소스

　| 코코넛밀크 1큰술

　| 우유 1큰술

　| 그래뉼러당 3g

＊타피오카 펄(건조)
열대작물인 카사바의 뿌리로 만든 전분을 가공해 작은 알갱이 형태로 만든 것입니다. 이 레시피에서는 작은 것을 사용했습니다. 타피오카 펄은 열대 과일과 잘 어울립니다.

만드는 방법

1. 물 2큰술에 젤라틴 가루를 조금씩 부어 골고루 섞은 후, 10분 동안 불립니다.

2. 냄비에 파인애플 주스와 칼피스를 담아 중불에 올린 후, 가장자리가 보글보글 끓기 시작하면 불을 끕니다. 여기에 불려 둔 젤라틴을 넣고 실리콘 주걱으로 1분 정도 저어 완전히 녹인 다음 레몬즙을 첨가해 다시 섞습니다.

3. 2에 생크림을 넣고 두세 번 크게 휘휘 저은 다음, 곧바로 국자 등을 이용해 유리잔에 고르게 나누어 담아 그대로 식힙니다. 완전히 식으면 랩을 씌우고 냉장실에 넣어 두 시간 이상 차갑게 굳힙니다.

4. 냄비에 타피오카 펄을 담고 타피오카 펄이 잠길 정도로 물을 부어 중불에 올립니다. 물이 끓기 시작하면 10분 정도 삶은 후 불을 끄고 그대로 다시 10분 정도 둡니다. 타피오카 펄이 투명해지면 체에 건져 물기를 뺍니다. 파인애플은 1cm 크기로 썬 다음 페이퍼타월로 감싸 물기를 제거합니다.

5. 코코넛밀크 소스를 만듭니다. 볼에 코코넛밀크와 우유, 그래뉼러당을 넣고 그래뉼러당이 녹을 때까지 거품기로 젓습니다.

6. 3의 유리잔에 4의 파인애플과 타피오카를 고르게 올리고, 5의 코코넛밀크 소스를 뿌립니다.

Note

• 이국적인 맛을 느낄 수 있는 젤리입니다. 타피오카를 얹어 식감에 변화를 줄 수 있습니다.

백도
Pêche blanche

재료(260ml 용량의 유리잔 3개 분량)

젤라틴 가루 10g

생크림 100ml

플레인 요거트(무가당) 60g

그레나딘 시럽 120ml

레몬즙 4작은술

백도 통조림 2개(170g)

＊그레나딘 시럽
석류 향이 나는 시럽으로, 리큐어와 섞어 칵테일을 만들거나 탄산수에 타서 마시기도 합니다.

만드는 방법

1. 물 4큰술에 젤라틴 가루를 조금씩 부어 골고루 섞은 후, 10분 동안 불립니다.

2. 볼에 생크림과 플레인 요거트를 넣고 거품기로 골고루 섞습니다.

3. 냄비에 물 360ml와 그레나딘 시럽을 담아 중불에 올린 후, 가장자리가 보글보글 끓기 시작하면 불을 끕니다. 여기에 미리 불려 둔 젤라틴을 넣고 실리콘 주걱으로 1분 정도 저어 완전히 녹인 다음, 레몬즙을 첨가해 다시 젓습니다. 잘 섞이면 그중에서 8큰술을 내열용기에 덜어놓습니다.

4. 2의 볼에 남은 3을 붓고 두세 번 크게 휘휘 저은 다음 곧바로 국자 등을 이용해 유리잔에 고르게 나누어 담아 그대로 식힙니다. 완전히 식으면 랩을 씌워 냉장실에 넣어둡니다.

5. 백도는 2mm 두께로 넓게 썬 다음 페이퍼타월로 물기를 닦아냅니다.

6. 4의 유리잔에 5에서 얇게 썬 백도를 바깥쪽에서부터 안쪽으로 조금씩 엇갈리게 한 조각씩 쌓습니다(바깥쪽에 좀 더 큰 조각을 놓습니다). 가운뎃부분은 얇게 썬 백도 한 조각을 꽃잎처럼 말아 얹습니다(a).

7. 3의 내열용기를 전자레인지에 10초씩 돌려가며 끓지 않게 녹입니다. 국자 등을 이용해 6의 유리잔에 고르게 나누어 부은 다음(b), 랩을 씌우고 냉장실에 넣어 두 시간 이상 차갑게 굳힙니다.

Note

• 백도를 장미 모양으로 쌓은 화려한 젤리입니다. 미리 덜어둔 젤리액을 마지막에 장미 모양이 흐트러지지 않도록 조심스럽게 부어 세 겹의 층을 만듭니다.

파인애플과 타피오카
Ananas-Tapioca
→ 39쪽

백도
Pêche blanche
→ 39쪽

재료 [100ml 용량의 젤리틀 4개 분량]

젤라틴 가루 8g

레몬즙 2큰술

그래뉼러당 60g

장미 꽃잎(건조) 5g

생크림 50ml

장미 꽃잎(건조)
식용 장미를 말린 허브티용 꽃잎
입니다. 꽃받침 등은 전부 떼어내
고 꽃잎만 사용합니다.

만드는 방법

1. 물 3큰술에 젤라틴 가루를 조금씩 부어 골고루 섞은 후, 10분 동안 불립니다.

2. 냄비에 물 300ml, 레몬즙, 그래뉼러당, 장미 꽃잎을 담아 중불에 올린 후, 실리콘 주걱으로 저어가며 그래뉼러당을 녹입니다(a).

3. 가장자리가 보글보글 끓기 시작하면 불을 끄고, 뚜껑을 덮은 채로 3분 동안 우립니다(b).

4. 여기에 불려 둔 젤라틴을 넣고(c), 1분 정도 저어 완전히 녹입니다.

5. 4에서 100g(장미 꽃잎까지)을 볼에 덜어낸 다음(d), 볼을 얼음물에 살짝 담근 상태에서 시럽이 걸쭉해질 때까지 실리콘 주걱으로 젓습니다(e).

6. 젤리틀의 안쪽을 물에 살짝 적신 후(f), 국자 등을 이용해 5를 고르게 나누어 담고(g), 랩을 씌워 냉장실에 넣습니다. 표면이 굳으면 냉장실에서 꺼냅니다.

7. 남은 4(굳었을 때는 중탕으로 녹입니다)를 체에 걸러 볼에 담고(h), 40℃ 정도가 될 때까지 실온에서 식힙니다.

8. 여기에 생크림을 넣어 두세 번 크게 휘휘 저은 다음(i), 곧바로 국자 등을 이용해 6의 틀에 고르게 나누어 담아(j) 그대로 식힙니다. 완전히 식으면 랩을 씌우고 냉장실에 넣어 두 시간 이상 차갑게 굳힙니다.

9. 젤리가 굳으면 손끝으로 젤리의 가장자리를 가볍게 눌러 틈을 만들고, 틀을 뜨거운 물에 2~3초 동안 담급니다. 그런 다음 다시 젤리를 손끝으로 살짝 눌러 틀과 젤리 사이에 공기가 들어가게 한 다음, 틀 위에 접시를 엎어 그대로 뒤집습니다. 그런 다음 틀을 살살 흔들어 젤리를 꺼냅니다.

Note

• 입 안에 장미 향이 가득 퍼지는 감미로운 젤리입니다. 젤리액을 두 번에 걸쳐 나누어 부어 젤리가 세 겹의 층을 이룹니다.

• 7에서 온도를 반드시 40℃ 정도까지 떨어뜨려야 합니다. 뜨거운 상태에서 틀에 부으면 애써 굳혀놓은 첫 번째 젤리가 전부 녹아버립니다.

사과 장미
Rose de pomme

재료(150㎖ 용량의 푸딩틀 4개 분량)

사과 장미

| 사과(껍질 벗기지 않은 것) ½개(100g)

| 그래뉼러당 30g

| 레몬즙 1작은술

젤라틴 가루 10g

그래뉼러당 30g

레몬즙 1작은술

머랭

| 달걀흰자 1개 분량(약 30g)

| 그래뉼러당 30g

생크림 50㎖

Note

• 사과로 장미를 만든 아름다운 젤리입니다. 젤리액을 두 번에 나누어 부어 젤리가 세 겹의 층을 이룹니다.

• 사과 중에서도 특히 홍옥을 사용해야 아름다운 핑크빛 젤리가 완성됩니다. 다른 품종의 사과를 사용할 경우에는 단단한 것을 고르세요.

• 3에서 사과로 만든 장미를 냉동실에 30분 이상 넣어두면 너무 차가워져서 두 번째로 붓는 젤리액이 두 겹으로 나뉘지 않게 됩니다. 깜박하고 30분 이상 넣어두었을 때는 상온에서 반해동합니다.

만드는 방법

1. 사과로 장미를 만듭니다. 사과는 껍질을 벗기지 않고 세로로 반을 잘라 심 부분을 제거한 다음 2mm 두께로 부채꼴로 썹니다(a).

2. 내열용기에 자른 사과를 담고 그래뉼러당을 골고루 뿌린 후, 물 100㎖와 레몬즙을 넣습니다(b). 랩을 씌워 전자레인지에 3분 정도 돌린 뒤(c), 랩을 사과 표면에 밀착시켜 덮은 다음 그대로 식힙니다(d).

3. 사과의 물기를 닦아냅니다(시럽은 따로 덜어둡니다). 도마에 페이퍼타월을 깔고, 그 위에 물기를 닦아낸 사과의 ¼분량을 조금씩 엇갈리게 늘어놓습니다(e). 그리고 끝에서부터 둥글게 말아(f) 장미 모양을 만듭니다(g). 이렇게 하면 사과로 만든 장미가 완성됩니다. 남은 사과로 장미 3개를 더 만든 후, 스테인리스 트레이에 담아 냉동실에 넣고, 30분 동안 차갑게 굳힙니다(h).

4. 물 4큰술에 젤라틴 가루를 조금씩 부어 골고루 섞은 후, 10분 동안 불립니다.

5. 틀 안쪽을 물에 살짝 적신 다음, 3의 사과 장미를 거꾸로 한 개씩 담아(i) 냉장실에 넣습니다.

6. 3에서 덜어놓은 사과 장미 시럽에 물을 섞어 300㎖를 만든 뒤, 냄비에 붓습니다. 여기에 그래뉼러당을 넣고 중불에 올린 후, 실리콘 주걱으로 저어가며 그래뉼러당을 녹입니다.

7. 가장자리가 보글보글 끓기 시작하면 불을 끕니다. 여기에 불려 둔 젤라틴을 넣고, 1분 정도 저어 완전히 녹입니다.

8. 7에서 100g을 볼에 덜어낸 다음, 볼을 얼음물에 반쯤 담근 상태에서 걸쭉해질 때까지 젓습니다.

9. 국자 등을 이용해 8을 5의 틀에 고르게 나누어 담고(j), 랩으로 싸서 냉장실에 넣습니다. 표면이 굳으면 냉장실에서 꺼냅니다.

10. 남은 7(굳었을 때는 중탕으로 녹입니다)에 레몬즙을 첨가해 잘 섞은 후, 40℃가 될 때까지 실온에서 식힙니다.

11. 머랭을 만듭니다. 볼에 달걀흰자를 넣고 핸드믹서를 저속으로 30초 정도 돌려 흰자를 풉니다. 그리고 그래뉼러당 15g을 넣고 핸드믹서를 고속으로 30초 정도 돌려 거품을 냅니다. 여기에 남은 그래뉼러당 15g을 마저 넣고 다시 고속으로 30초 동안 돌린 다음, 저속으로 1분 정도 더 돌려 거품을 냅니다. 머랭에 윤기가 돌고, 머랭을 떴을 때 끝부분이 뾰족하게 서는 정도가 적당합니다.

12. 머랭에 생크림을 조금씩 부어가며 핸드믹서를 저속으로 돌려 가볍게 섞습니다. 전체가 골고루 섞일 정도면 됩니다.

13. 여기에 10을 붓고, 거품기로 바닥에서부터 퍼 올리듯이 대여섯 번 섞습니다(너무 오래 섞지 않도록 합니다). 곧바로 국자 등을 이용해 9의 틀에 고르게 나누어 붓고, 그대로 식힙니다. 완전히 식으면 랩을 씌우고 냉장실에 넣어 두 시간 이상 차갑게 굳힙니다.

14. 젤리가 굳으면 손끝으로 젤리의 가장자리를 살짝 눌러 틈을 만들고, 틀을 뜨거운 물에 2~3초 동안 담급니다. 다시 젤리를 손끝으로 가볍게 눌러 틀과 젤리 사이에 공기가 들어가게 한 다음, 틀 위에 접시를 엎고 그대로 뒤집습니다. 그런 다음 틀을 살살 흔들어 젤리를 꺼냅니다.

벚꽃
Cerisier

재료〔지름이 18cm인 엔젤틀 1개 분량〕

젤라틴 가루 15g

벗꽃(소금 절임) 20g

그래뉼러당 50g

레몬즙 2작은술

생크림 50ml

연유(가당) 10g

머랭

└ 달걀흰자 1개 분량(약 30g)

└ 그래뉼러당 20g

*벗꽃(소금 절임)
벗꽃을 소금에 절인 것입니다. 화
과자에 많이 쓰이는 재료로, 벗꽃
특유의 향을 즐길 수 있습니다.
짠맛이 강하므로 반드시 물에 행
궈서 써야 합니다.

*연유
우유에 설탕을 첨가해 농축한 것
으로, 진한 풍미를 느낄 수 있습니
다. 당분이 많이 들어가 보존성
이 뛰어납니다.

만드는 방법

1. 물 6큰술에 젤라틴 가루를 조금씩 부어 골고루 섞은 후, 10분 동안 불립니다. 벗꽃은 물에 행궈 소금기를 뺀 다음 물기를 제거하고 줄기와 꽃받침을 떼어냅니다.

2. 냄비에 물 400ml와 그래뉼러당을 담아 중불에 올린 후, 실리콘 주걱으로 저어가며 그래뉼러당을 녹입니다.

3. 가장자리가 보글보글 끓기 시작하면 불을 끕니다. 여기에 불려 둔 젤라틴을 넣고 1분 정도 저어 완전히 녹입니다.

4. 3에서 200g을 볼에 덜어낸 다음(ⓐ), 1의 벗꽃을 넣고 볼을 얼음물에 반쯤 담근 채로 걸쭉해질 때까지 젓습니다(ⓑ).

5. 틀 안쪽을 물에 살짝 적신 후(ⓒ), 4를 조심스럽게 붓고(ⓓ), 랩을 씌워 냉장실에 넣습니다. 표면이 굳으면 냉장실에서 꺼냅니다.

6. 남은 3(굳었을 때는 중탕으로 녹입니다)에 레몬즙을 첨가해 잘 섞은 후, 그대로 40℃까지 식힙니다.

7. 볼에 생크림과 연유를 넣고 거품기로 골고루 섞습니다.

8. 머랭을 만듭니다. 다른 볼에 달걀흰자를 넣고 핸드믹서를 저속으로 30초 정도 돌립니다. 여기에 그래뉼러당 10g을 붓고 핸드믹서를 고속으로 30초 정도 돌려 거품을 냅니다. 남은 그래뉼러당 10g을 마저 넣고 핸드믹서를 30초 정도 돌린 후, 저속으로 1분 정도 더 돌려 거품을 냅니다. 머랭에 윤기가 돌고, 머랭을 떴을 때 끝부분이 뾰족하게 서는 정도가 적당합니다.

9. 머랭에 7을 조금씩 부어가며 핸드믹서를 저속으로 돌려 가볍게 섞습니다. 전체가 골고루 섞일 정도면 됩니다.

10. 여기에 6을 넣고, 거품기로 바닥에서부터 퍼 올리듯이 대여섯 번 섞습니다(너무 오래 섞지 않도록 합니다). 곧바로 5의 틀에 조심스럽게 나누어 붓고, 그대로 식힙니다. 완전히 식으면 랩을 씌우고 냉장실에 넣어 두 시간 이상 차갑게 굳힙니다.

11. 젤리가 굳으면 손끝으로 젤리의 가장자리를 살짝 눌러 틈을 만들고, 틀을 뜨거운 물에 2~3초 동안 담급니다. 다시 젤리를 손끝으로 가볍게 눌러 틀과 젤리 사이에 공기가 들어가게 한 다음, 틀 위에 접시를 얹고 그대로 뒤집습니다. 그런 다음 틀을 살살 흔들어 젤리를 꺼냅니다.

Note
- 아름다운 벗꽃 층 그리고 머랭을 넣어 두 겹으로 만든 마법의 젤리가 합쳐져 총 세 겹의 층을 이룹니다.
- 마법의 젤리를 만드는 기본 레시피에 벗꽃을 그냥 첨가하기만 하면 벗꽃이 생크림 층에 들어가 보이지 않게 됩니다. 만드는 도중에 젤리액을 나누어 투명한 층에 벗꽃이 들어가도록 미리 한 번 굳혀야 합니다.
- 벗꽃에 적당히 남은 소금기가 젤리의 맛을 한층 끌어올립니다. 생크림에는 연유를 첨가해 더욱 진한 우유 맛을 냈습니다.

식용꽃
Fleurs comestibles

재료(지름이 12cm인 일체형 원형틀 1개 분량)

젤라틴 가루 15g

사과 주스 250ml

그래뉼러당 40g

식용꽃 3g

레몬즙 2작은술

머랭

    달걀흰자 1개 분량(약 30g)

    그래뉼러당 20g

생크림 50ml

*식용꽃

그대로 먹을 수 있는 꽃으로, 계절에 따라 다양한 꽃을 즐길 수 있습니다. 대형 마트나 과일가게, 백화점 등에서 구입할 수 있습니다.(국내에서는 일부 대형 마트나 꽃시장, 백화점, 인터넷 등을 통해 구입할 수 있습니다 —역자)

만드는 방법

1. 물 6큰술에 젤라틴 가루를 조금씩 부어 골고루 섞은 후, 10분 동안 불립니다.

2. 냄비에 사과 주스, 물 150ml, 그래뉼러당을 담아 중불에 올린 후, 실리콘 주걱으로 저어가며 그래뉼러당을 녹입니다.

3. 가장자리가 보글보글 끓기 시작하면 불을 끕니다. 여기에 불려 둔 젤라틴을 넣고 1분 정도 저어 완전히 녹입니다.

4. 3에서 200g을 볼에 덜어낸 다음, 볼을 얼음물에 반쯤 담근 상태에서 걸쭉해질 때까지 젓습니다.

5. 틀의 안쪽을 물에 살짝 적신 후, 여기에 4를 조심스럽게 붓고 식용꽃을 거꾸로 넣어 바닥에 가라앉힙니다(ⓐ). 그런 다음 랩을 씌워 냉장실에 넣고, 표면이 굳으면 다시 꺼냅니다.

6. 남은 3(굳었을 때는 중탕으로 녹입니다)에 레몬즙을 첨가해 잘 섞은 다음, 그대로 40℃까지 실온에서 식힙니다.

7. 머랭을 만듭니다. 다른 볼에 달걀흰자를 넣고 핸드믹서를 저속으로 30초 정도 돌립니다. 여기에 그래뉼러당 10g을 붓고 핸드믹서를 고속으로 30초 정도 돌려 거품을 냅니다. 남은 그래뉼러당 10g을 마저 넣고 핸드믹서를 30초 정도 돌린 후, 저속으로 1분 정도 더 돌려 거품을 냅니다. 머랭에 윤기가 돌고, 머랭을 떴을 때 끝부분이 뾰족하게 서는 정도가 적당합니다.

8. 머랭에 생크림을 조금씩 넣으면서 핸드믹서를 저속으로 돌려 가볍게 섞습니다. 전체가 골고루 섞일 정도면 됩니다.

9. 여기에 6을 넣고, 거품기로 바닥에서부터 퍼 올리듯이 대여섯 번 섞습니다(너무 오래 섞지 않도록 합니다). 곧바로 5의 틀에 조심스럽게 붓고, 그대로 식힙니다. 완전히 식으면 랩을 씌우고 냉장실에 넣어 두 시간 이상 차갑게 굳힙니다.

10. 젤리가 굳으면 손끝으로 젤리의 가장자리를 살짝 눌러 틈을 만들고, 틀을 뜨거운 물에 2~3초 동안 담급니다. 다시 젤리를 손끝으로 가볍게 눌러 틀과 젤리 사이에 공기가 들어가게 한 다음, 틀 위에 접시를 얹고 그대로 뒤집습니다. 그런 다음 틀을 살살 흔들어 젤리를 꺼냅니다.

Note

• 젤리액을 두 번에 나누어 부어 젤리가 세 겹의 층을 이룹니다. 식용꽃이 위로 떠오를 때도 있으므로 틀에 넣은 뒤 가볍게 흔들어 바닥에 가라앉힙니다.

• 지름이 18cm인 엔젤틀을 대신 사용해도 됩니다.

ⓐ

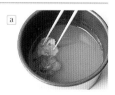

전채 요리로 내기 좋은
마법의 젤리

▶ 콩소메 스톡과 소금으로 기본 맛을 낸 짭짤한 젤리는 파티의
전채 요리로도 잘 어울립니다.

▶ 고기와 생선, 채소를 다양하게 사용합니다.
해산물을 작게 썰어 넣으면 자르기도 쉽고 먹기도 편합니다.

네모나게 썬 채소

Coupe légumes cubes

재료(지름이 12cm인 일체형 원형틀 1개 분량)

젤라틴 가루 5g

오이 ½개(50g)

빨간색 파프리카 ¼개(50g)

노란색 파프리카 ¼개(50g)

달걀 1개

생크림 50ml

콩소메 스톡 3g

소금 약간

레몬즙 1작은술

＊콩소메 스톡
서양식 국물 요리에 사용하는 고
형 육수로, 과립형과 큐브형 모두
사용 가능합니다. 큐브형은 잘게
부수어 사용하세요.

만드는 방법

1. 물 2큰술에 젤라틴 가루를 조금씩 부어 골고루 섞은 후, 10분 동안 불립니다. 오이와 파프리카는 5mm 크기로 네모나게 썬 뒤, 유리잔에 고르게 나누어 담습니다(ⓐ).

2. 볼에 달걀을 깨뜨려 넣고 거품기로 푼 다음(ⓑ), 생크림을 부어 골고루 섞습니다(ⓒ).

3. 냄비에 물 200ml, 콩소메 스톡, 소금을 넣고 중불에 올린 후, 실리콘 주걱으로 저어가며 콩소메 스톡과 소금을 녹입니다.

4. 가장자리가 보글보글 끓기 시작하면 불을 끕니다. 여기에 불려 둔 젤라틴을 넣고(ⓓ), 1분 정도 저어 완전히 녹인 다음, 레몬즙을 첨가해(ⓔ) 다시 젓습니다.

5. **2**의 볼에 **4**를 붓고(ⓕ) 두세 번 크게 휘휘 저은 뒤, 곧바로 국자 등을 이용해 **1**의 유리잔에 고르게 나누어 담고(ⓖ) 그대로 식힙니다(ⓗ). 완전히 식으면 랩을 씌우고 냉장실에 넣어 두 시간 이상 차갑게 굳힙니다.

Note

- 달걀이 들어가 진한 맛을 냅니다.
- 채소의 아삭한 식감이 맛의 포인트입니다. 생으로 먹을 수 있는 다른 채소를 대신 사용해도 됩니다.

연어와 딜
Saumon fumé-Aneth
→ 54쪽

찐 닭가슴살과
얇게 썬 채소

Poulet cuit à la vapeur-
Tranches de légumes

→ 54쪽

연어와 딜
Saumon fumé~ Aneth

재료〔길이가 16cm인 파운드틀 1개 분량〕

젤라틴 가루 5g

훈제 연어(얇게 썬 것) 30g

딜 한 줄기

생크림 50ml

플레인 요거트(무가당) 20g

콩소메 스톡 2g

소금 약간

레몬즙 1작은술

만드는 방법

1. 물 2큰술에 젤라틴 가루를 조금씩 부어 골고루 섞은 후, 10분 동안 불립니다. 훈제 연어는 랩을 깐 틀에 빼곡히 깝니다〔a〕. 딜은 잎을 따서 큼직하게 썹니다.

2. 볼에 생크림과 플레인 요거트를 넣고 거품기로 잘 섞습니다.

3. 냄비에 물 200ml, 콩소메 스톡, 소금을 담아 중불에 올린 후, 실리콘 주걱으로 저어가며 콩소메 스톡과 소금을 녹입니다.

4. 가장자리가 보글보글 끓기 시작하면 불을 끕니다. 여기에 불려 둔 젤라틴을 넣고, 1분 정도 저어 완전히 녹인 다음, 레몬즙과 딜을 첨가해 다시 젓습니다.

5. 2의 볼에 4를 붓고 두세 번 크게 휘휘 저은 뒤, 곧바로 1의 틀에 조심스럽게 부어 그대로 식힙니다. 완전히 식으면 랩을 씌우고 냉장실에 넣어 두 시간 이상 차갑게 굳힙니다.

Note

• 파운드틀 중에는 작게 구멍이 뚫려 있는 것도 있으므로 반드시 랩을 깔아야 합니다. 젤리를 꺼낼 때도 랩을 잡고 들어 올립니다.

• 이 틀의 용량은 500ml입니다. 길이가 18cm인 파운드틀을 대신 사용해도 됩니다.

• 훈제 연어의 염도에 맞추어 소금의 양을 조절하세요.

찐 닭가슴살과 얇게 썬 채소
Poulet cuit à la vapeur-Tranches de légumes

재료〔지름이 12cm인 일체형 원형틀 1개 분량〕

찐 닭가슴살(시판용 제품) 50g

오이 ½개(50g)

당근 4~5cm(50g)

무 50g

소금 ½작은술+약간

젤라틴 가루 10g

콩소메 스톡 5g

레몬즙 2작은술

생크림 50ml

*찐 닭가슴살(시판용 제품)
닭가슴살을 찐 제품입니다. 간을 많이 하지 않아 다이어트 식품으로도 인기가 많습니다. 닭 안심을 대신 사용해도 됩니다.

Note

• 차가운 화이트 와인이나 스파클링 와인 안주로 좋습니다.

• 지름이 15cm인 일체형 원형틀로도 만들 수 있습니다. 단, 사진에 나온 것보다 젤리의 높이가 조금 낮아집니다.

• 채소는 먹기 편하게 소금을 뿌려 숨을 죽인 후, 틀에 담습니다. 순무나 양파를 넣어도 맛있습니다.

만드는 방법

1. 닭가슴살을 잘게 찢습니다〔a〕. 오이와 당근은 세로로 얇게 썹니다. 무는 반달 모양으로 얇게 저밉니다. 스테인리스 트레이에 오이, 당근, 무를 나란히 놓은 뒤 소금을 ½작은술 뿌려 10분 정도 둡니다. 숨이 죽으면 저마다 페이퍼타월로 감싸 물기를 제거합니다. 틀 안쪽을 물에 살짝 적신 뒤, 여기에 닭가슴살과 오이〔b〕, 무, 당근을 수선대로 겹쳐놓습니다.

2. 물 4큰술에 젤라틴 가루를 조금씩 부어 골고루 섞은 후, 10분 동안 불립니다.

3. 냄비에 물 400ml, 콩소메 스톡, 약간의 소금을 담아 중불에 올린 후, 실리콘 주걱으로 저어가며 콩소메 스톡과 소금을 녹입니다.

4. 가장자리가 보글보글 끓기 시작하면 불을 끕니다. 여기에 불려 둔 젤라틴을 넣고, 1분 정도 저어 완전히 녹입니다.

5. 4에서 200g을 볼에 덜어낸 다음, 볼을 얼음물에 반쯤 담근 채로 걸쭉해질 때까지 젓습니다.

6. 1의 틀에 5를 조심스럽게 붓고, 랩을 씌워 냉장실에 넣습니다. 표면이 굳으면 다시 냉장실에서 꺼냅니다.

7. 남은 4(굳었을 때는 중탕으로 녹입니다)에 레몬즙을 첨가해 섞은 후, 그대로 한 김 식힙니다.

8. 여기에 생크림을 넣고 두세 번 크게 휘휘 저은 뒤, 곧바로 6의 틀에 조심스럽게 부어 그대로 식힙니다. 완전히 식으면 랩을 씌우고 냉장실에 넣어 두 시간 이상 차갑게 굳힙니다.

9. 젤리가 굳으면 손끝으로 젤리의 가장자리를 살짝 눌러 틈을 만들고, 틀을 뜨거운 물에 2~3초 동안 담급니다. 다시 젤리를 손끝으로 가볍게 눌러 틀과 젤리 사이에 공기가 들어가게 한 다음, 틀 위에 접시를 엎고 그대로 뒤집습니다. 그런 다음 틀을 살살 흔들어 젤리를 꺼냅니다.

빼곡히 깐 햄과 브로콜리
Jambon-Brocoli

재료(19X13X높이 3.5cm의 스테인리스 트레이 1개 분량)

젤라틴 가루 10g

브로콜리 50g

콜리플라워 50g

소금 약간+약간

오크라 50g

토마토 50g

햄(두껍게 썬 것) 50g

콩소메 스톡 5g

레몬즙 2작은술

생크림 70ml

Note

- 재료를 작게 썰어 빼곡히 깐 젤리입니다. 다른 채소로 만들 때는 색이 겹치지 않도록 해야 아름다운 젤리가 완성됩니다.
- 15cm 크기의 사각틀을 대신 사용해도 됩니다.
- 브로콜리와 콜리플라워는 다른 채소와 비슷한 크기로 자르세요. 데칠 때는 아삭아삭한 식감이 어느 정도 남아 있게 데칩니다.
- 7에서 4가 굳어 있을 때는 중탕으로 녹입니다.

만드는 방법

1. 물 4큰술에 젤라틴 가루를 조금씩 부어 골고루 섞은 후, 10분 동안 불립니다.

2. 브로콜리와 콜리플라워는 작게 썰어 송이를 나눕니다. 냄비에 물을 끓인 후 소금을 약간 넣고 브로콜리, 콜리플라워, 오크라를 순서대로 너무 무르지 않게 데친 다음 건져서 물기를 빼고 식힙니다. 오크라는 1cm 너비로 자릅니다. 토마토는 1cm 크기로 네모나게 썬 뒤, 페이퍼타월로 감싸 물기를 제거합니다. 햄은 1cm 크기로 깍둑썰기합니다. 트레이 안쪽을 물에 살짝 적신 뒤, 손질한 재료를 보기 좋게 깝니다(ⓐ).

3. 냄비에 물 400ml, 콩소메 스톡, 약간의 소금을 담아 중불에 올린 후, 실리콘 주걱으로 저어가며 콩소메 스톡과 소금을 녹입니다.

4. 가장자리가 보글보글 끓기 시작하면 불을 끕니다. 여기에 불려 둔 젤라틴을 넣고, 1분 정도 저어 완전히 녹입니다.

5. 4에서 100g을 볼에 덜어낸 다음, 볼을 얼음물에 반쯤 담근 채로 걸쭉해질 때까지 젓습니다.

6. 2의 트레이에 5를 조심스럽게 붓고, 랩을 씌워 냉장실에 넣습니다. 표면이 굳으면 다시 냉장실에서 꺼냅니다.

7. 남은 4에 레몬즙을 첨가해 섞은 후, 그대로 한 김 식힙니다.

8. 여기에 생크림을 넣고 두세 번 크게 휘휘 저은 뒤, 곧바로 6의 트레이에 조심스럽게 부어 그대로 식힙니다. 완전히 식으면 랩을 씌우고 냉장실에 넣어 두 시간 이상 차갑게 굳힙니다.

9. 젤리가 굳으면 트레이를 뜨거운 물에 2~3초 동안 담근 다음, 젤리와 트레이 사이에 칼을 밀어넣습니다. 그런 다음 다시 젤리를 손끝으로 가볍게 눌러 트레이와 젤리 사이에 공기가 들어가게 한 다음, 트레이 위에 접시를 엎고 그대로 뒤집습니다. 그런 다음 트레이를 살살 흔들어 젤리를 꺼냅니다.

방울토마토와 모차렐라 치즈
Tomates cerises-Mozzarella

재료(150ml 용량의 유리잔 3개 분량)

젤라틴 가루 5g

방울토마토 6개(80g)

바질 잎 8장

모차렐라 치즈 60g

마요네즈 1큰술

생크림 50ml

콩소메 스톡 3g

소금 약간

레몬즙 2작은술

Note

- 방울토마토, 바질 잎, 모차렐라 치즈가 어우러진 이탈리아 풍의 젤리입니다. 마요네즈를 첨가해 더욱 부드러운 맛을 냈습니다.

만드는 방법

1. 물 2큰술에 젤라틴 가루를 조금씩 부어 골고루 섞은 후, 10분 동안 불립니다. 방울토마토는 세로로 반을 자르고, 바질을 손으로 큼직하게 찢습니다. 모차렐라 치즈는 1cm크기로 네모나게 썹니다. 유리잔에 방울토마토, 바질 잎, 모차렐라 치즈를 고르게 담습니다.

2. 볼에 마요네즈를 넣고, 생크림을 조금씩 부어가며 거품기로 골고루 섞습니다.

3. 냄비에 물 200ml, 콩소메 스톡, 소금을 담아 중불에 올린 후, 실리콘 주걱으로 저어가며 콩소메 스톡과 소금을 녹입니다.

4. 가장자리가 보글보글 끓기 시작하면 불을 끕니다. 여기에 불려 둔 젤라틴을 넣고, 1분 정도 저어 완전히 녹인 다음, 레몬즙을 첨가해 다시 섞습니다.

5. 2의 볼에 4를 넣고 두세 번 크게 휘휘 저은 뒤, 곧바로 국자 등을 이용해 1의 유리잔에 고르게 나누어 붓고 그대로 식힙니다. 완전히 식으면 랩을 씌우고 냉장실에 넣어 두 시간 이상 차갑게 굳힙니다.

56

 빼곡히 깐 햄과 브로콜리
Jambon-Brocoli —55쪽

방울토마토와 모차렐라 치즈
Tomates cerises-Mozzarella → 55쪽

마시멜로로 순식간에
만들 수 있는 마법의 젤리

마시멜로와 물을 이용해 마법의 젤리를 간단히 만들 수 있습니다.
단맛이 조금 강하기는 하지만, 만드는 방법 자체가 매우 흥미롭습니다.

{ 마시멜로로 만드는 마법의 젤리 }
Guimauve

재료(140㎖ 용량의 유리잔 2개 분량)

마시멜로 50g

만드는 방법

1. 마시멜로를 물로 헹궈 표면에 붙어 있는 가루를 털어낸 후(ⓐ) 물기를 제거합니다.

2. 내열용기에 마시멜로와 물 40㎖를 넣고(ⓑ), 랩을 씌우지 않은 채로 전자레인지에 30초 정도 돌립니다. 그런 다음 거품기로 마시멜로를 으깨면서 골고루 섞어 녹입니다(ⓒ, ⓓ).

3. 곧바로 국자 등을 이용해 유리잔에 고르게 나누어 담은 뒤(ⓔ), 그대로 식힙니다(ⓕ). 완전히 식으면 랩을 씌우고 냉장실에 넣어 두 시간 이상 차갑게 굳힙니다.

Note

- 물 대신 다양한 주스를 사용해 알록달록한 젤리를 만들 수 있습니다. 58쪽 사진 좌측의 보라색 젤리는 포도 주스, 사진 우측의 오렌지색 젤리는 당근 주스를 사용해 만든 것입니다.
- 전자레인지에 너무 오래 돌리면 젤리의 층이 나뉘었을 때 대부분 반투명해져 버립니다. 상태를 잘 살펴가며 가열하시기 바랍니다.
- 반대로 전자레인지에 너무 짧게 돌리면 젤리의 층이 나뉘었을 때 거의 흰 부분밖에 보이지 않게 됩니다. 전자레인지의 기종에 따라 상태가 다를 수 있으므로 알맞은 타이밍을 직접 찾으시기 바랍니다.

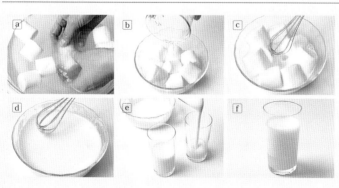

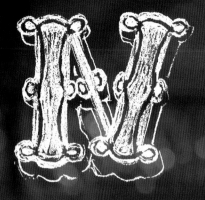 마법의 거품 젤리

▶ 탄산음료 등으로 만든 젤리액을 도중에 둘로 나눈 다음 한쪽은
걸쭉하게 만들고 다른 한쪽은 거품을 내어 마치 맥주나 샴페인
거품처럼 보이게 하는 마법의 젤리입니다.

▶ 탄산음료를 사용하면 마치 거품이 터지는 듯한 식감을 즐길 수 있습니다.

▶ 이 장에서 소개하는 젤리는 틀로 만들 수 없으니 반드시 유리잔을
사용하시기 바랍니다.

{ 맥주 }
Bière
→62쪽

샴페인
Champagne
→63쪽

맥주
Bière

재료〔150㎖ 용량의 유리잔 2개 분량〕

진저에일 100+200㎖
젤라틴 가루 5g
그래뉼러당 10g
레몬즙 1작은술

*진저에일
생강 향을 첨가하고 캐러멜로 색을 입힌 탄산음료로, 산뜻하고 개운한 맛이 특징입니다. 제조사에 따라 생강 향이 약한 제품과 강한 제품이 있습니다.

마법의 거품 젤리 기본 레시피

1. 사전 준비

진저에일은 상온(약 25℃)에 꺼내둡니다. 물 2큰술에 젤라틴 가루를 조금씩 부어 골고루 섞은 후, 10분 동안 불립니다.

• 젤라틴 가루에 물을 부으면 가루가 뭉쳐서 고르게 붙지 않습니다. 반드시 물을 먼저 담은 후에 젤라틴 가루를 조금씩 붓도록 합니다.
• 진저에일 같은 음료를 차가운 상태에서 젤라틴액에 부으면 젤라틴 알갱이가 그대로 굳어버리므로 사용하기 전에 반드시 상온(약 25℃)에 꺼내두시기 바랍니다.

2. 설탕 녹이기

냄비에 1의 진저에일 100㎖와 그래뉼러당을 담아 중불에 올린 후, 실리콘 주걱으로 저어가며 그래뉼러당을 녹입니다.

• 그래뉼러당 입자가 완전히 녹을 때까지 골고루 저어가며 녹입니다.
• 여기서는 진저에일을 사용하지만, 다른 레시피에서는 대부분 물을 사용합니다.

3. 젤라틴 섞기

가장자리가 보글보글 끓기 시작하면 불을 끕니다. 여기에 불려 둔 젤라틴을 넣고, 1분 정도 저어 완전히 녹입니다.

• 젤라틴은 팔팔 끓이면 끈기가 사라져 굳지 않으므로 반드시 불을 끈 상태에서 넣어주세요.

4. 탄산음료 등을 섞기

3을 볼에 옮겨 담고 레몬즙을 첨가한 다음, 1의 진저에일 200㎖를 볼의 가장자리에 대고 천천히 부은 뒤 조심스럽게 섞습니다.

• 레몬즙을 첨가하지 않는 레시피도 있습니다.
• 탄산음료는 거품이 꺼지지 않도록 천천히 붓습니다. 섞을 때도 거품이 터지지 않도록 주걱을 크게 젓습니다.

5. 젤리액을 둘로 나누기

4에서 4큰술을 다른 볼에 덜어냅니다.

• 덜어낸 젤리액은 그대로 상온에 두면 됩니다.

Note
- 생김새가 맥주와 흡사해 '맥주 젤리'라고도 불리지만, 알코올은 전혀 들어 있지 않습니다.
- 매운맛이 강한 진저에일로 만들면 어른스러운 매운맛을 즐길 수 있습니다.

6. 식히면서 걸쭉하게 만들기

랩을 남은 **4**의 표면에 밀착시켜 덮고, 볼을 얼음물에 반쯤 담근 채로 돌립니다. 가끔씩 랩을 벗기고 실리콘 주걱으로 젓다가 어느 정도 걸쭉해지면 국자 등을 이용해 곧바로 유리잔에 고르게 나누어 담고, 다시 랩을 씌워 냉장실에 넣어둡니다.

- 탄산이 빠져나가지 않도록 표면을 랩으로 덮어둡니다.
- 볼이 바닥부터 차가워지므로 젤리액이 뭉치지 않도록 가끔씩 골고루 저어주세요. 이때 사용한 얼음물은 다음 과정에서도 사용하므로 버리지 않고 그대로 둡니다.
- 젤리액이 걸쭉해지면 유리잔에 조심스럽게 옮겨 담습니다. **7**의 과정을 진행하는 동안 냉장실에 넣어두세요.

7. 덜어낸 젤리액을 섞기

5에서 덜어낸 젤리액이 담긴 볼을 얼음물에 반쯤 담근 채로 거품기로 젓습니다. 전체적으로 고운 거품이 만들어질 때까지 저어주세요.

- 차가운 상태에서 저어야 거품이 더 잘 생깁니다. 재빠르게 섞어 고운 거품을 만들어주세요.

8. 거품을 올려 차갑게 굳히기

6을 스푼으로 떠서 **7**의 유리잔에 조심스럽게 나누어 올립니다. 그런 다음 랩을 씌우고 냉장실에 넣어 두 시간 이상 차갑게 굳힙니다.

- 첫 번째 젤리액의 표면이 아직 굳지 않은 상태여도 상관없습니다. 거품을 곧바로 올려 냉장실에 넣고 차갑게 굳히세요.

샴페인
Champagne

재료(150ml 용량의 유리잔 3개 분량)

스파클링 와인 200ml
젤라틴 가루 5g
그래뉴러당 30g
라즈베리 9개
블루베리 9개

*스파클링 와인
발포성 와인의 총칭입니다. 프랑스 상파뉴 지방에서 생산된 와인 중에서 정해진 규정을 충족한 와인만이 샴페인이라 불립니다.

만드는 방법

1. 스파클링 와인은 상온(약 25℃)에 꺼내둡니다. 물 2큰술에 젤라틴 가루를 조금씩 부어 골고루 섞은 후, 10분 동안 불립니다.

2. 냄비에 물 100ml와 그래뉴러당을 담아 중불에 올린 후, 실리콘 주걱으로 저어가며 그래뉴러당을 녹입니다.

3. 가장자리가 보글보글 끓기 시작하면 불을 끕니다. 여기에 불려 둔 젤라틴을 넣고, 1분 정도 저어 완전히 녹입니다.

4. 3을 볼에 옮겨 담고, 1의 스파클링 와인을 볼의 가장자리에 대고 천천히 부은 다음, 조심스럽게 섞습니다.

5. 4에서 4큰술을 다른 볼에 덜어냅니다.

6. 남은 4에 라즈베리와 블루베리를 넣습니다. 그런 다음 랩을 표면에 밀착시켜 덮은 후 볼을 얼음물에 반쯤 담근 채로 돌립니다. 가끔씩 랩을 벗겨 실리콘 주걱으로 젓다가 젤리액이 걸쭉해지면 국자 등으로 유리잔에 고르게 나누어 담고, 랩을 씌워 냉장실에 넣어둡니다.

7. 5에서 덜어낸 젤리액이 담긴 볼을 얼음물에 담그고 거품기로 젓습니다. 전체적으로 고운 거품이 만들어질 때까지 저어주세요.

8. 7을 스푼 등으로 떠서 6의 유리잔에 조심스럽게 올립니다. 그런 다음 랩을 씌우고 냉장실에 넣어 두 시간 이상 차갑게 굳힙니다.

Note
- 샴페인 느낌이 나는 고급스러운 젤리입니다.
- 라즈베리와 블루베리 대신 딸기 같은 다른 베리 종류를 넣어도 잘 어울립니다.

모히토
Mojito
一 66쪽

{ 코디얼 }
Cordial
→ 66쪽

모히토
Mojito

재료〔160㎖ 용량의 유리잔 2개 분량〕

탄산수(무가당) 200㎖
젤라틴 가루 5g
럼주(화이트) 1큰술
그래뉼러당 35g
민트 잎 3+3g
라임즙 1작은술

*럼주(화이트)
사탕수수를 원료로 하는 증류주
입니다. 저장방식 등에 따라 화
이트, 골드, 다크로 나뉩니다. 여
기서는 화이트 럼주인 바카르디
(Bacardi)를 사용했습니다.

Note

• 모히토는 럼을 베이스로 하고, 여기에 민트와
  라임 등을 첨가한 칵테일을 말합니다.
• 어린이용 젤리를 만들 때는 럼주를 생략해도
  됩니다. 민트 사이다 같은 맛이 납니다.
  또 럼주 대신 진을 넣어도 잘 어울립니다.

만드는 방법

1. 탄산수는 상온(약 25℃)에 꺼내둡니다. 물 2큰술에 젤라틴 가루를 조금씩 부어 골고루 섞은 후, 10분 동안 불립니다.

2. 냄비에 물 50㎖, 럼주, 그래뉼러당, 민트 잎 3g을 담아 중불에 올린 후, 실리콘 주걱으로 저어가며 그래뉼러당을 녹입니다.

3. 가장자리가 보글보글 끓기 시작하면 불을 끄고 체에 걸러 볼에 담습니다. 여기에 불려 둔 젤라틴을 넣고, 1분 정도 저어 완전히 녹입니다.

4. 라임즙을 첨가하고 **1**의 탄산수를 볼의 가장자리에 대고 천천히 부은 다음, 조심스럽게 섞습니다.

5. **4**에서 4큰술을 다른 볼에 덜어냅니다.

6. 남은 **4**에 민트 잎 3g을 넣습니다. 그런 다음 랩을 표면에 밀착시켜 덮은 후 볼을 얼음물에 반쯤 담근 채로 돌립니다. 가끔씩 랩을 벗겨 실리콘 주걱으로 젓다가 젤리액이 걸쭉해지면 국자 등으로 유리잔에 고르게 나누어 담고, 랩을 씌워 냉장실에 넣어둡니다.

7. **5**에서 덜어낸 젤리액이 담긴 볼을 얼음물에 담그고 거품기로 젓습니다. 전체적으로 고운 거품이 만들어질 때까지 저어주세요.

8. **7**을 스푼 등으로 떠서 **6**의 유리잔에 조심스럽게 올립니다. 그런 다음 랩을 씌우고 냉장실에 넣어 두 시간 이상 차갑게 굳힙니다.

코디얼
Cordial

재료〔180㎖ 용량의 유리잔 2개 분량〕

탄산수(무가당) 150㎖
젤라틴 가루 5g
코디얼(라임&레몬그라스·8배 희석시키는 제품) 70㎖
라임(얇고 둥글게 썬 것) 2조각

*코디얼(라임&레몬그라스)
과일이나 허브를 시럽에 재운 것
입니다. 칵테일을 만들 때 사용
하기도 하며, 요거트나 아이스크
림에 뿌려 먹기도 합니다. 다양한
맛이 있으므로 입맛에 따라 골라
보세요.

Note

• 라임 향이 상쾌합니다!
• 다른 코디얼로도 만들 수 있지만, 제품마다
  희석 배율이 차이 나므로 미리 맛을 본 후
  양을 조절하시기 바랍니다. 조금 달달한
  정도가 적당합니다.

만드는 방법

1. 탄산수는 상온(약 25℃)에 꺼내둡니다. 물 2큰술에 젤라틴 가루를 조금씩 부어 골고루 섞은 후, 10분 동안 불립니다.

2. 냄비에 물 50㎖와 코디얼을 담아 중불에 올린 후, 가장자리가 보글보글 끓기 시작하면 불을 끕니다. 여기에 불려 둔 젤라틴을 넣고, 1분 정도 저어 완전히 녹입니다.

3. **2**를 볼에 옮겨 담고, **1**의 탄산수를 볼의 가장자리에 대고 천천히 부은 다음, 조심스럽게 섞습니다.

4. **3**에서 4큰술을 다른 볼에 덜어냅니다.

5. 랩을 남은 **3**의 표면에 밀착시켜 덮고, 볼을 얼음물에 반쯤 담근 채로 돌립니다. 가끔씩 랩을 벗겨 실리콘 주걱으로 젓다가 젤리액이 걸쭉해지면 곧바로 국자로 떠서 유리잔에 고르게 나누어 담고, 랩을 씌워 냉장실에 넣어둡니다.

6. **4**에서 덜어낸 젤리액이 담긴 볼을 얼음물에 담그고 거품기로 젓습니다. 전체적으로 고운 거품이 만들어질 때까지 저어주세요.

7. **6**을 스푼 등으로 떠서 **5**의 유리잔에 조심스럽게 올립니다. 그런 다음 랩을 씌우고 냉장실에 넣어 두 시간 이상 차갑게 굳힙니다. 얇고 둥글게 썬 라임에 칼집을 넣어 장식으로 사용합니다.

멜론소다
Eau pétillante au melon

재료 (150ml 용량의 유리잔 2개 분량)

탄산수(무가당) 200ml

젤라틴 가루 5g

빙수용 시럽(멜론 맛) 50ml

레몬즙 1작은술

생크림 2큰술

버찌(통조림) 2개

빙수용 시럽(멜론 맛)
멜론의 맛과 향을 첨가한 시럽입니다. 빙수용으로 나온 제품이지만, 탄산수(무가당)나 우유, 술 등에 타 먹어도 맛있습니다. 이 밖에도 딸기 맛과 레몬 맛 등 다양한 종류가 있습니다.

Note
• 멜론소다를 연상시키는 마법의 젤리입니다. 시럽은 입맛에 따라 선택하면 됩니다.

만드는 방법

1. 탄산수는 상온(약 25℃)에 꺼내둡니다. 물 2큰술에 젤라틴 가루를 조금씩 부어 골고루 섞은 후, 10분 동안 불립니다.

2. 냄비에 물 30ml와 빙수용 시럽을 담아 중불에 올린 후, 가장자리가 보글보글 끓기 시작하면 불을 끕니다. 여기에 불려 둔 젤라틴을 넣고, 1분 정도 저어 완전히 녹입니다.

3. 2를 볼에 옮겨 담고 레몬즙을 첨가한 후, 1의 탄산수를 볼의 가장자리에 대고 천천히 부은 다음, 조심스럽게 섞습니다.

4. 3에서 4큰술을 다른 볼에 덜어낸 뒤, 생크림을 넣고 살짝 젓습니다.

5. 랩을 남은 3의 표면에 밀착시켜 덮고, 볼을 얼음물에 반쯤 담근 채로 돌립니다. 가끔씩 랩을 벗겨 실리콘 주걱으로 젓다가 젤리액이 걸쭉해지면 곧바로 국자로 떠서 유리잔에 고르게 나누어 담고, 랩을 씌워 냉장실에 넣어둡니다.

6. 4에서 덜어낸 젤리액이 담긴 볼을 얼음물에 담그고 거품기로 젓습니다. 전체적으로 고운 거품이 만들어질 때까지 저어주세요.

7. 6을 스푼 등으로 떠서 5의 유리잔에 조심스럽게 올립니다. 그런 다음 랩을 씌우고 냉장실에 넣어 두 시간 이상 차갑게 굳힙니다. 얇고 둥글게 썬 라임에 칼집을 넣어 장식으로 사용합니다.

밀크셰이크
Lait frappé

재료 (180ml 용량의 유리잔 2개 분량)

젤라틴 가루 5g

달걀노른자 2개 분량(약 40g)

그래뉴러당 20g

우유 250ml

생크림 2큰술

Note
• 우유의 진한 풍미가 느껴지는 익숙한 맛의 젤리입니다.
• 달걀노른자와 우유를 가열할 때, 달걀노른자가 굳지 않도록 쉬지 않고 골고루 저어주세요.

만드는 방법

1. 물 2큰술에 젤라틴 가루를 조금씩 부어 골고루 섞은 후, 10분 동안 불립니다.

2. 볼에 달걀노른자를 넣고 거품기로 가볍게 푼 다음 그래뉴러당을 첨가합니다. 노른자가 전체적으로 뽀얗게 변할 때까지 젓습니다(a).

3. 우유를 조금씩 부으면서(b), 전체적으로 고르게 섞일 때까지 젓습니다(c).

4. 냄비에 옮겨 담아 중불에 올린 후, 실리콘 주걱으로 쉬지 않고 계속 젓습니다(d). 표면에 작은 거품이 생기기 시작하면 불을 끈 다음, 불려 둔 젤라틴을 넣고 1분 정도 저어 완전히 녹입니다.

5. 4에서 4큰술을 다른 볼에 덜어낸 후, 생크림을 넣고 살짝 젓습니다.

6. 남은 4를 다른 볼에 옮겨 담고, 볼을 얼음물에 반쯤 담근 채 실리콘 주걱으로 저어 섞습니다. 어느 정도 걸쭉해지면 곧바로 국자로 떠서 유리잔에 고르게 나누어 담고, 랩을 씌워 냉장실에 넣어둡니다.

7. 5에서 덜어낸 젤리액이 담긴 볼을 얼음물에 담그고 거품기로 젓습니다. 전체적으로 고운 거품이 만들어질 때까지 저어주세요.

8. 7을 스푼 등으로 떠서 6의 유리잔에 조심스럽게 올립니다. 그런 다음 랩을 씌우고 냉장실에 넣어 두 시간 이상 차갑게 굳힙니다.

멜론소다
Eau pétillante au melon
→ 67쪽

{ 밀크셰이크 }
Lait frappé
→ 67쪽

甘夏蜜柑
여름밀감
Amanatsu
→ 72쪽

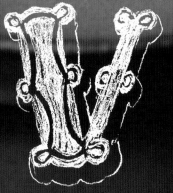

마법의 담설 젤리

(담설은 '얇게 깔린 눈'을 뜻하는데, 한국어 사전에는 실리지 않은 표현이지만 '담설갱'이라는 양갱을 흉내 낸 것이므로 그대로 사용했습니다. ―역자)

▶ 일본 화과자 중에 설탕으로 맛을 낸 한천 위에 달걀흰자를 깔아 굳힌 담설갱(淡雪羹)이라는 양갱이 있는데, 이를 마법의 젤리에 응용해 보았습니다. 한천 대신 젤라틴 가루를 사용하고, 양갱틀 대신 트레이나 틀을 사용해 만들 수 있습니다.

▶ 이탈리안 머랭이 독특한 식감을 연출합니다. 이탈리안 머랭은 머랭에 시럽을 넣어 섞은 것으로, 머랭과 시럽을 만드는 두 가지 작업을 동시에 진행해야 합니다. 당황하지 말고 차근차근 만들어보세요.

유자
Yuzu
→ 73쪽

甘夏蜜柑 여름밀감
Amanatsu

재료(19×13×높이 3.5cm인 스테인리스 트레이 1개 분량)

젤라틴 가루 10g
여름밀감 1개(200g)
벌꿀 25g

이탈리안 머랭
그래뉼러당 30g
달걀흰자 1개 분량(약 30g)

♥ 마법의 담설 젤리 기본 레시피

1. 사전 준비
물 4큰술에 젤라틴 가루를 조금씩 부어 골고루 섞은 후, 10분 동안 불립니다. 여름밀감은 과육을 발라낸 후 큼직하게 찢습니다.

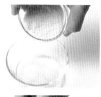

• 젤라틴 가루에 물을 부으면 가루가 뭉쳐 고르게 붙지 않습니다. 반드시 물을 먼저 담은 후에 젤라틴 가루를 조금씩 붓도록 합니다.
• 과육은 젤리 전체에 골고루 퍼지도록 적당한 크기로 찢어둡니다.

2. 벌꿀 녹이기
냄비에 물 50ml, 1의 여름밀감, 벌꿀을 담아 중불에 올린 후, 실리콘 주걱으로 저어가며 벌꿀을 녹입니다.

• 벌꿀이 녹을 때까지 불에 올린 채로 골고루 젓습니다. 벌꿀 대신 그래뉼러당을 사용해도 됩니다.

3. 젤라틴 섞기
가장자리가 보글보글 끓기 시작하면 불을 끕니다. 여기에 불려 둔 젤라틴을 넣고 1분 정도 저어 완전히 녹입니다.

• 젤라틴은 팔팔 끓이면 끈기가 사라져 굳지 않으므로 반드시 불을 끈 상태에서 넣어주세요.

4. 이탈리안 머랭 만들기 ①
이탈리안 머랭을 만듭니다. 4와 5를 동시에 진행합니다. 작은 냄비에 물 30ml와 그래뉼러당을 담고 실리콘 주걱으로 잘 섞은 다음 중불에 올립니다. 끓기 시작하면 1~2분 정도 바짝 졸입니다. 긴 젓가락으로 떴을 때 시럽이 가는 실처럼 이어지면 됩니다.

• 이탈리안 머랭은 시럽과 머랭을 합친 것을 말합니다. 시럽과 머랭을 만드는 두 가지 작업을 동시에 진행해야 하는데, 우선 시럽부터 만들기 시작합니다.
*시럽이 가는 실처럼 이어지는 상태가 되는 온도는 약 117°C입니다. 고온까지 측정 가능한 온도계가 있을 때는 온도계로 직접 확인하는 것이 좋습니다.

5. 이탈리안 머랭 만들기 ②
4가 진행되는 동안, 볼에 달걀흰자를 넣고 핸드믹서를 저속으로 돌려 1분 정도 거품을 냅니다. 전체적으로 폭신한 머랭이 완성되면 그만 멈춥니다.

• 시럽을 불에 올리자마자 바로 달걀흰자를 거품 내기 시작합니다. 전체적으로 폭신하고 뽀얀 머랭이 완성되면 그만 멈춥니다.
• 작업을 하는 도중에 가끔씩 시럽이 담긴 냄비의 상태를 확인합니다.

6. 이탈리안 머랭 만들기 ③
5의 볼에 4를 조금씩 부으면서 핸드믹서를 저속으로 2분 정도 돌려 섞습니다. 머랭을 떴을 때 끝부분이 뾰족하게 서고, 볼 바닥이 차가우면 이탈리안 머랭이 완성된 것입니다.

• 4는 몹시 뜨거우므로 튀지 않도록 볼의 가장자리에 대고 조금씩 붓습니다.

7. 젤리액 섞기
트레이 안쪽을 물에 살짝 적셔둡니다. 6의 이탈리안 머랭에 3을 넣고 거품기로 바닥에서부터 퍼 올리듯이 대여섯 번 섞습니다(너무 오래 섞지 않도록 합니다). 곧바로 트레이에 조심스럽게 붓고, 실리콘 주걱으로 표면을 평평하게 고른 다음, 그대로 식힙니다. 완전히 식으면 랩을 씌우고 냉장실에 넣어 두 시간 이상 차갑게 굳힙니다.

• 전체적으로 대강 섞으면 됩니다. 너무 오래 섞으면 젤리가 두 겹의 층으로 나뉘지 않습니다.
• 젤리를 식히는 동안 자연스럽게 두 겹의 층으로 나뉘게 됩니다. 젤리를 식히지 않고 곧장 냉장실에 넣어버리면 젤리의 층이 나뉘기 전에 그대로 굳어버리므로 반드시 실온에서 충분히 식힙니다.

Note

- 부드러운 식감과 여름밀감의 새콤한 맛이 절묘한 조화를 이룹니다.
- 여름밀감 대신 다른 감귤류로 만들어도 맛있어요.

8. 틀에서 꺼내기

젤리가 굳으면 트레이를 뜨거운 물에 2~3초 동안 담근 뒤, 젤리와 트레이 사이에 칼을 밀어넣어 칼집을 냅니다. 그리고 젤리를 손끝으로 가볍게 눌러 젤리와 트레이 사이에 공기가 들어가게 한 다음, 틀 위에 접시를 얹고 그대로 뒤집습니다. 그 상태에서 틀을 살살 흔들어 젤리를 꺼냅니다.

- 뜨거운 물의 온도는 약 50℃가 적당합니다. 물이 너무 뜨거우면 젤리가 녹아버리니 주의하세요.
- 트레이와 젤리 사이에 칼집을 내고, 그 사이에 공기가 들어가게 하면 젤리가 쉽게 빠집니다. 젤리가 빠지지 않을 때는 트레이를 다시 한 번 뜨거운 물에 2~3초 동안 담급니다.

유자
Yuzu

재료〔19×13×높이 3.5cm인 스테인리스 트레이 1개 분량〕

젤라틴 가루 10g

유자 1개(과즙 1큰술, 껍질 25g)

벌꿀 25g

이탈리안 머랭

　그래뉼러당 30g

　달걀흰자 1개 분량(약 30g)

만드는 방법

1. 물 4큰술에 젤라틴 가루를 조금씩 부어 골고루 섞은 후, 10분 동안 불립니다. 유자는 가로로 반을 잘라 과즙을 짜낸 다음(ⓐ), 1큰술을 따로 덜어둡니다. 껍질은 안쪽의 흰 부분을 깎아내고(ⓑ), 25g을 가늘게 썹니다(ⓒ).

2. 냄비에 물 100ml, **1**의 유자 과즙 1큰술과 유자 껍질 25g, 벌꿀을 담아 중불에 올린 후, 실리콘 주걱으로 저어가며 벌꿀을 녹입니다.

3. 끓기 시작하면 불을 약하게 줄이고, 5분 정도 더 끓인 뒤 불을 끕니다. 여기에 불려 둔 젤라틴을 넣고 1분 정도 저어 완전히 녹입니다.

4. 이탈리안 머랭을 만듭니다. **4**와 **5**를 동시에 진행합니다. 작은 냄비에 물 30ml와 그래뉼러당을 담고 실리콘 주걱으로 잘 섞은 다음 중불에 올립니다. 끓기 시작하면 1~2분 정도 바짝 졸입니다. 긴 젓가락으로 떴을 때 시럽이 가는 실처럼 이어지면 됩니다.

5. **4**가 진행되는 동안, 볼에 달걀흰자를 넣고 핸드믹서를 저속으로 돌려 1분 정도 거품을 냅니다. 전체적으로 폭신한 머랭이 완성되면 그만 멈춥니다.

6. **5**의 볼에 **4**를 조금씩 부으면서 핸드믹서를 저속으로 2분 정도 돌려 섞습니다. 머랭을 떴을 때 끝부분이 뾰족하게 서고, 볼 바닥이 차가우면 이탈리안 머랭이 완성된 것입니다.

7. 트레이 안쪽을 물에 살짝 적셔둡니다. **6**의 이탈리안 머랭에 **3**을 넣고 거품기로 바닥에서부터 퍼 올리듯이 대여섯 번 섞습니다(너무 오래 섞지 않도록 합니다). 곧바로 트레이에 조심스럽게 붓고, 실리콘 주걱으로 표면을 평평하게 고른 다음, 그대로 식힙니다. 완전히 식으면 랩을 씌우고 냉장실에 넣어 두 시간 이상 차갑게 굳힙니다.

8. 젤리가 굳으면 트레이를 뜨거운 물에 2~3초 동안 담근 뒤, 젤리와 트레이 사이에 칼을 밀어넣어 칼집을 냅니다. 그리고 젤리를 손끝으로 가볍게 눌러 젤리와 트레이 사이에 공기가 들어가게 한 다음, 틀 위에 접시를 얹고 그대로 뒤집습니다. 그 상태에서 틀을 살살 흔들어 젤리를 꺼냅니다.

Note

- 유자는 씨가 많으므로 과즙을 짤 때 차 거름망에 한 번 거르는 것이 좋습니다. 유자가 없을 때는 레몬을 사용해도 맛있습니다.
- 유자 껍질에 달콤한 벌꿀이 스며들도록 충분히 끓입니다.

키위
Kiwi
→ 76쪽

딸기
Fraise
→ 76쪽

키위
Kiwi

재료(19×13×높이 3.5cm인 스테인리스 트레이 1개 분량)

젤라틴 가루 10g

키위 2개(170g)

그래뉴러당 40g

이탈리안 머랭

  그래뉴러당 30g

  달걀흰자 1개 분량(약 30g)

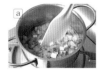
[a]

Note

- 키위에는 비타민C와 식이섬유, 미네랄이 풍부하게 함유되어 있습니다. 이번에는 그린 키위를 사용했지만, 골드 키위를 넣어도 됩니다.
- 생 키위를 사용하면 젤라틴의 작용이 약해져서 젤리가 잘 굳지 않으므로 가열해둡니다.

만드는 방법

1. 물 4큰술에 젤라틴 가루를 조금씩 부어 골고루 섞은 후, 10분 동안 불립니다. 키위는 1cm 크기로 네모나게 자릅니다.

2. 냄비에 물 180ml, **1**의 키위, 그래뉴러당을 담아 중불에 올린 후, 실리콘 주걱으로 저어가며 그래뉴러당을 녹입니다([a]). 끓기 시작하면 불을 약하게 줄여 10분 정도 더 끓입니다.

3. 페이퍼타월을 깐 체에 한 번 걸러 키위와 시럽을 나눕니다. 트레이 안쪽을 물에 살짝 적신 후, 여기에 키위를 깝니다. 시럽은 저울을 이용해 정확히 150ml를 준비합니다. 시럽이 모자랄 때는 물을 섞습니다.

4. 냄비에 **3**의 시럽 150ml를 담아 중불에 올린 후, 가장자리가 보글보글 끓기 시작하면 불을 끕니다. 여기에 불려 둔 젤라틴을 넣고 실리콘 주걱으로 1분 정도 저어 완전히 녹입니다.

5. 이탈리안 머랭을 만듭니다(77쪽 하단에 실린 '이탈리안 머랭을 만드는 방법' 참조).

6. **5**의 이탈리안 머랭에 **4**를 넣고, 거품기로 바닥에서부터 퍼 올리듯이 대여섯 번 섞습니다(너무 오래 섞지 않도록 합니다). 곧바로 **3**의 트레이에 조심스럽게 붓고, 실리콘 주걱으로 표면을 평평하게 고른 다음, 그대로 식힙니다. 완전히 식으면 랩을 씌우고 냉장실에 넣어 두 시간 이상 차갑게 굳힙니다.

7. 젤리가 굳으면 트레이를 뜨거운 물에 2~3초 동안 담근 뒤, 젤리와 트레이 사이에 칼을 밀어넣어 칼집을 냅니다. 그리고 젤리를 손끝으로 가볍게 눌러 젤리와 트레이 사이에 공기가 들어가게 한 다음, 틀 위에 접시를 엎고 그대로 뒤집습니다. 그 상태에서 틀을 살살 흔들어 젤리를 꺼냅니다.

딸기
Fraise

재료(19×13×높이 3.5cm인 스테인리스 트레이 1개 분량)

젤라틴 가루 10g

딸기 250g

그래뉴러당 20g

이탈리안 머랭

  그래뉴러당 20g

  달걀흰자 1개 분량(약 30g)

연유(가당) 30g

Note

- 딸기는 크기가 작은 것을 사용합니다. 딸기가 클 때는 먹기 좋은 크기로 자른 뒤 트레이에 깝니다.
- 가당 연유를 넣으므로 젤리액과 이탈리안 머랭에 들어가는 그래뉴러당의 양을 줄였습니다.

만드는 방법

1. 물 4큰술에 젤라틴 가루를 조금씩 부어 골고루 섞은 후, 10분 동안 불립니다. 트레이 안쪽을 물에 살짝 적신 후, 트레이에 딸기를 깝니다.

2. 냄비에 물 100ml와 그래뉴러당을 담아 중불에 올린 후, 실리콘 주걱으로 저어가며 그래뉴러당을 녹입니다.

3. 가장자리가 보글보글 끓기 시작하면 불을 끕니다. 여기에 불려 둔 젤라틴을 넣고 실리콘 주걱으로 1분 정도 저어 완전히 녹입니다.

4. 이탈리안 머랭을 만듭니다(77쪽 하단에 실린 '이탈리안 머랭을 만드는 방법' 참조).

5. **4**의 이탈리안 머랭에 연유를 넣고, 핸드믹서를 저속으로 돌려 가볍게 섞습니다. 전체가 골고루 섞이면 그만 멈춥니다.

6. 여기에 **3**을 넣고 거품기로 바닥에서부터 퍼 올리듯이 대여섯 번 섞습니다(너무 오래 섞지 않도록 합니다). 곧바로 **1**의 트레이에 조심스럽게 붓고, 실리콘 주걱으로 표면을 평평하게 고른 다음, 그대로 식힙니다. 완전히 식으면 랩을 씌우고 냉장실에 넣어 두 시간 이상 차갑게 굳힙니다.

7. 젤리가 굳으면 트레이를 뜨거운 물에 2~3초 동안 담근 뒤, 젤리와 트레이 사이에 칼을 밀어넣어 칼집을 냅니다. 그리고 젤리를 손끝으로 가볍게 눌러 젤리와 트레이 사이에 공기가 들어가게 한 다음, 틀 위에 접시를 엎고 그대로 뒤집습니다. 그 상태에서 틀을 살살 흔들어 젤리를 꺼냅니다.

사과
Pomme

재료〔19×13×높이 3.5cm인 스테인리스 트레이 1개 분량〕

사과(껍질 벗기지 않은 것) ½개(100g)

그래뉼러당 30g

젤라틴 가루 10g

이탈리안 머랭

　그래뉼러당 30g

　달걀흰자 1개 분량(약 30g)

Note

- 사과는 '홍옥'이나 '후지' 등 조금 단단한 것을 사용하는 것이 좋습니다. 특히 홍옥을 사용하면 색이 예쁘게 나옵니다.
- 트레이에 사과를 깔 때는 물기를 제거하고 가능한 한 두께를 일정하게 맞추는 것이 좋습니다.

만드는 방법

1. 사과는 껍질을 벗기지 않은 채로 반으로 잘라 심을 제거한 후, 2mm 두께의 부채꼴로 썹니다. 자른 사과를 내열용기에 담고 그래뉼러당을 뿌린 뒤, 물 100ml를 붓고 랩을 씌워 전자레인지에 3분 정도 돌립니다. 그리고 랩을 사과 표면에 밀착시켜 덮은 다음, 그대로 식힙니다. 다 식으면 사과 과육과 시럽을 나눕니다. 트레이 안쪽을 물에 살짝 적신 후, 사과를 트레이에 깝니다(ⓐ). 시럽은 저울에 잰 다음, 부족할 경우 물을 섞어 정확히 150ml를 만듭니다.

2. 물 4큰술에 젤라틴 가루를 조금씩 부어 골고루 섞은 후, 10분 동안 불립니다.

3. 냄비에 1의 시럽 150ml를 담아 중불에 올린 후, 가장자리가 보글보글 끓기 시작하면 불을 끕니다. 여기에 2의 불려 둔 젤라틴을 넣고 실리콘 주걱으로 1분 정도 저어 완전히 녹입니다.

4. 이탈리안 머랭을 만듭니다(하단에 실린 '이탈리안 머랭을 만드는 방법' 참조).

5. 4의 이탈리안 머랭에 3을 넣고, 거품기로 바닥에서부터 퍼 올리듯이 대여섯 번 섞습니다(너무 오래 섞지 않도록 합니다). 곧바로 1의 트레이에 조심스럽게 붓고, 실리콘 주걱으로 표면을 평평하게 고른 다음, 그대로 식힙니다. 완전히 식으면 랩을 씌우고 냉장실에 넣어 두 시간 이상 차갑게 굳힙니다.

6. 젤리가 굳으면 트레이를 뜨거운 물에 2~3초 동안 담근 뒤, 젤리와 트레이 사이에 칼을 밀어넣어 칼집을 냅니다. 그리고 젤리를 손끝으로 가볍게 눌러 젤리와 트레이 사이에 공기가 들어가게 한 다음, 틀 위에 접시를 엎고 그대로 뒤집습니다. 그 상태에서 틀을 살살 흔들어 젤리를 꺼냅니다.

블루베리
Myrtille

재료〔지름이 10cm인 엔젤틀 1개 분량〕

젤라틴 가루 10g

블루베리 100g

그래뉼러당 30g

이탈리안 머랭

　그래뉼러당 30g

　달걀흰자 1개 분량(약 30g)

Note

- 냉동 블루베리는 해동한 후, 페이퍼타월로 물기를 닦아낸 다음 사용합니다.
- 조금 더 큰 엔젤틀을 사용할 경우에는 재료의 양을 2~3배로 늘립니다. 19×13×높이 3.5cm의 트레이로 만들 때는 레시피와 동일한 양을 사용합니다.

만드는 방법

1. 물 4큰술에 젤라틴 가루를 조금씩 부어 골고루 섞은 후, 10분 동안 불립니다.

2. 냄비에 물 150ml, 블루베리, 그래뉼러당을 담아 중불에 올린 후, 실리콘 주걱으로 저어가며 그래뉼러당을 녹입니다.

3. 가장자리가 보글보글 끓기 시작하면 불을 끕니다. 여기에 1의 불려 둔 젤라틴을 넣고 실리콘 주걱으로 1분 정도 저어 완전히 녹입니다.

4. 이탈리안 머랭을 만듭니다(하단에 실린 '이탈리안 머랭을 만드는 방법' 참조).

5. 틀 안쪽을 물에 살짝 적셔둡니다. 4의 이탈리안 머랭에 3을 넣고, 거품기로 바닥에서부터 퍼 올리듯이 대여섯 번 섞습니다(너무 오래 섞지 않도록 합니다). 곧바로 틀에 조심스럽게 붓고, 실리콘 주걱으로 표면을 평평하게 고른 다음, 그대로 식힙니다. 완전히 식으면 랩을 씌우고 냉장실에 넣어 두 시간 이상 차갑게 굳힙니다.

6. 젤리가 굳으면 손끝으로 젤리의 가장자리를 가볍게 눌러 틈을 만들고, 틀을 뜨거운 물에 2~3초 동안 담급니다. 다시 한 번 젤리를 살짝 눌러 틀과 젤리 사이에 공기가 들어가게 한 다음, 접시를 엎고 그대로 뒤집습니다. 그런 다음 틀을 살살 흔들어 젤리를 꺼냅니다.

이탈리안 머랭을 만드는 방법

1. 1과 2를 동시에 진행합니다. 작은 냄비에 물 30ml와 그래뉼러당을 담고 실리콘 주걱으로 잘 섞은 다음 중불에 올립니다. 끓기 시작하면 1~2분 정도 바짝 졸입니다. 긴 젓가락으로 떴을 때 시럽이 가는 실처럼 이어지면 됩니다.

2. 1이 진행되는 동안, 볼에 달걀흰자를 넣고 핸드믹서를 저속으로 돌려 1분 정도 거품을 냅니다. 전체적으로 폭신한 머랭이 완성되면 그만 멈춥니다.

3. 2의 볼에 1을 조금씩 부으면서 핸드믹서를 저속으로 2분 정도 돌려 섞습니다. 머랭을 떴을 때 끝부분이 뾰족하게 서고, 볼 바닥이 차가우면 이탈리안 머랭이 완성된 것입니다.

사과
Pomme
→ 77쪽

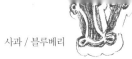

블루베리
Myrtille
→ 77쪽

마법의 젤리

1판 1쇄 인쇄 2018년 12월 24일
1판 1쇄 발행 2018년 12월 31일

글쓴이   오기타 히사코
옮긴이   황세정
펴낸이   이경민

편집   최정미
디자인   문지현

펴낸곳   ㈜동아엠앤비
출판등록   2014년 3월 28일(제25100-2014-000025호)
주소   (03737) 서울특별시 서대문구 충정로 35-17 인촌빌딩 1층
전화   (편집) 02-392-6901 (마케팅) 02-392-6900
팩스   02-392-6902
전자우편   damnb0401@naver.com
SNS   𝐟 ⃝ 🅑

ISBN   979-11-6363-022-7(14590)
            979-11-87336-25-9(set)

1. 책 가격은 뒤표지에 있습니다.
2. 잘못된 책은 구입한 곳에서 바꿔 드립니다.
3. 저자와의 협의에 따라 인지는 붙이지 않습니다.
4. 이 도서의 국립중앙도서관 출판예정도서목록(CIP)은
서지정보유통지원시스템 홈페이지(http://seoji.nl.go.kr)와 국가자료공동목록시스템
(http://www.nl.go.kr/kolisnet)에서 이용하실 수 있습니다. (CIP제어번호: CIP2018040013)